消防
法規隨身讀

第二冊 消防設備標準

編者簡介

江軍

學歷：國立台灣科技大學建築學博士
英國劍橋大學跨領域環境設計碩士
國立台灣大學土木工程碩士
國立台灣科技大學建築與營建工程雙學士

經歷：力鈞建設有限公司總經理
職安一點通系列作者
大專院校講師

證照：職業安全管理甲級、營造工程管理甲級、建築工程管理甲級、職業安全衛生管理乙級、建築物公共安全檢查認可證、建築物室內裝修專業技術人員登記證、消防設備士、ISO14046、ISO50001 主導稽核員證照。

劉誠

學歷：國立陽明交通大學產業防災碩士

證照：職業衛生技師、工業安全技師、消防設備師、消防設備士、職業安全管理甲級、職業衛生管理甲級、甲級廢棄物處理技術員、職業安全衛生管理乙級、製程安全評估人員。

消防法規隨身讀 使用說明

親愛的讀者，您好：

非常感謝您購買本系列套書。對於消防領域的考生或是從業人員來說，消防法規的系統不僅多且繁雜，內容牽涉到許多數字與時間的記憶，更是常常讓人無所適從。因此，我們特別開發了本系列「隨身讀」法規叢書，讓您不論是工作上的需求或是考試需要記憶，都可以放在口袋中隨時翻閱，不再需要厚重的法規叢書，定可讓您一舉摘金。

本書設計特色，請您務必詳閱，定能使本書發揮最大功效：

1. 依照專業類別分冊設計，您不需要一次攜帶全部的法規書。

2. 重點分別以一~三顆星，表示法規之重要程度。

3. 法條文字以橘色字體搭配紅色遮色片，讓您加強關鍵字記憶。

本書符號與標示說明：

NEW = 新修法條，根據本書出版年份最新修正的法條在前面已此符號表示。

★ = 重要度，本書以星號數作為重要度指標，三顆星為最重要，星號越少代表重要程度越低。

📖 = 參考法規附件，由於本書只收錄最重要之法規表格與附件，其他附表與附件請自行至全國法規資料庫下載。

重點 = 重要關鍵字，搭配書後紅色遮色片遮住後關鍵字即會消失。

(刪除) = 法條刪除，已刪除的法條為了避免遺漏，還是會標註於後方。

> 補充重點用框表示，中間可能有編者的額外補充說明。

敬祝 平安順心 試試順利

編者 江軍 劉誠 謹誌

消防設置標準 目錄

第一篇　各類場所消防安全設備設置標準 1-1

第一編　總則 1-1

第二編　消防設計 1-2

第三編　消防安全設計 1-31

第一章　滅火設備 1-31

第一節　滅火器及室內消防栓設備 .. 1-31

第二節　室外消防栓設備 1-42

第三節　自動撒水設備 1-46

第四節　水霧滅火設備 1-68

第五節　泡沫滅火設備 1-71

第六節　二氧化碳及惰性氣體滅火設備 1-81

第六節之一　鹵化烴滅火設備 1-100

第七節　乾粉滅火設備及簡易自動滅火設備 1-106

第二章　警報設備 1-117

第一節　火警自動警報設備 1-117

第二節　手動報警設備 1-133
第三節　緊急廣播設備 1-135
第四節　瓦斯漏氣火警自動警報設備 1-141

第 三 章　避難逃生設備 1-147
第一節　標示設備 1-147
第二節　避難器具 1-156
第三節　緊急照明設備 1-174

第 四 章　消防搶救上之必要設備 1-176
第一節　連結送水管 1-176
第二節　消防專用蓄水池 1-181
第三節　排煙設備 1-184
第四節　緊急電源插座 1-193
第五節　無線電通信輔助設備及防災監控系統綜合操作裝置 1-195

第四編　公共危險物品等場所消防設計及消防安全設備 1-198

第 一 章　消防設計 1-198

第 二 章　消防安全設備 1-217

第五編　附則 1-246

第一章

各類場所消防安全設備設置標準

民國113年04月24日

第一編　總則

第1條
☆☆☆
▢check

本標準依消防法(以下簡稱本法)第六條第一項規定訂定之。

第2條
☆☆☆
▢check

(刪除)

第3條
☆☆☆
▢check

未定國家標準或國內無法檢驗之消防安全設備，應檢附國外標準、國外(內)檢驗報告及試驗合格證明或規格證明，經中央主管機關認可後，始准使用。

前項應經認可之消防安全設備項目及應檢附之文件，由中央消防機關另定之。

第二編　消防設計

第4條
★★☆
▢check

本標準用語定義如下：

一、複合用途建築物：一棟建築物中有供第十二條第一款至第四款各目所列用途2種以上，且該不同用途，在管理及使用形態上，未構成從屬於其中一主用途者；其判斷基準，由中央消防機關另定之。

二、無開口樓層：建築物之各樓層供避難及消防搶救用之有效開口面積未達下列規定者：

(一) 11層以上之樓層，具可內切直徑**50**公分以上圓孔之開口，合計面積為該樓地板面積**1/30**以上者。

(二) 10層以下之樓層，具可內切直徑**50**公分以上圓孔之開口，合計面積為該樓地板面積**1/30**以上者。但其中至少應具有2個內切直徑**1**公尺以上圓孔或寬**75**公分以上、高120公分以上之開口。

三、高度危險工作場所：儲存一般可燃性固體物質倉庫之高度超過5.5公尺者，或易燃性液體物質之閃火點未超過攝氏60度與攝氏溫度為37.8度時，其蒸氣壓未超過每平方公分2.8公斤或0.28百萬帕斯卡(以下簡稱MPa)者，或可燃性高壓氣體製造、儲存、處理場所或石化作業場所，木材加工業作業場所及油漆作業場所等。

四、中度危險工作場所：儲存一般可燃性固體物質倉庫之高度未超過5.5公尺者，或易燃性液體物質之閃火點超過攝氏60度之作業場所或輕工業場所。

五、低度危險工作場所：有可燃性物質存在。但其存量少，延燒範圍小，延燒速度慢，僅形成小型火災者。

六、避難指標：標示避難出口或方向之指標。

前項第二款所稱有效開口，指符合下列規定者：

一、開口下端距樓地板面**120**公分以內。

二、開口面臨道路或寬度**1**公尺以上之通路。

三、開口無柵欄且內部未設妨礙避難之構造或阻礙物。

四、開口為可自外面開啟或輕易破壞得以進入室內之構造。採一般玻璃門窗時，厚度應在**6**毫米以下。

本標準所列有關建築技術、公共危險物品及可燃性高壓氣體用語，適用建築技術規則、公共危險物品及可燃性高壓氣體製造儲存處理場所設置標準暨安全管理辦法用語定義之規定。

第5條
★★★
▢check

各類場所符合建築技術規則以無開口且具**1**小時以上防火時效之牆壁、樓地板區劃分隔者，適用本標準各編規定，視為另一場所。

建築物間設有過廊，並符合下列規定者，視為另一場所：

一、過廊僅供通行或搬運用途使用，且無通行之障礙。

二、過廊有效寬度在6公尺以下。

三、連接建築物之間距，1樓超過6公尺，2樓以上超過10公尺。

建築物符合下列規定者，不受前項第三款之限制：

一、連接建築物之外牆及屋頂，與過廊連接相距3公尺以內者，為防火構造或不燃材料。

二、前款之外牆及屋頂未設有開口。但開口面積在4平方公尺以下，且設具半小時以上防火時效之防火門窗者，不在此限。

三、過廊為開放式或符合下列規定者：

(一) 為防火構造或以不燃材料建造。

(二) 過廊與二側建築物相連接處之開口面積在4平方公尺以下，且設具半小時以上防火時效之防火門。

(三) 設置直接開向室外之開口或機械排煙設備。但設有自動撒水設備者，得免設。

前項第三款第三目之直接開向室外之開口或機械排煙設備，應符合下列規定：

一、直接開向室外之開口面積合計在1平方公尺以上，且符合下列規定：
 (一) 開口設在屋頂或天花板時，設有寬度在過廊寬度1/3以上，長度在1公尺以上之開口。
 (二) 開口設在外牆時，在過廊二側設有寬度在過廊長度1/3以上，高度1公尺以上之開口。

二、機械排煙設備能將過廊內部煙量安全有效地排至室外，排煙機連接緊急電源。

第6條
NEW
☆☆☆
▢check

供第十二條第五款使用之複合用途建築物，有分屬同條其他各款目用途時，適用本標準除第十七條第一項第四款、第五款、第十九條第一項第四款、第五款、第二十一條第二款、第二十三條第一款、第二款及第一百五十七條以外之規定，以各目為單元，按各目所列不同用途，合計其樓地板面積，視為單一場所。

第7條 ★★☆ ▢check

各類場所消防安全設備如下：
一、滅火設備：指以水或其他滅火藥劑滅火之器具或設備。
二、警報設備：指報知火災發生之器具或設備。
三、避難逃生設備：指火災發生時為避難而使用之器具或設備。
四、消防搶救上之必要設備：指火警發生時，消防人員從事搶救活動上必需之器具或設備。
五、其他經中央主管機關認定之消防安全設備。

第8條 NEW ★★★ ▢check

滅火設備種類如下：
一、滅火器、消防砂。
二、室內消防栓設備。
三、室外消防栓設備。
四、自動撒水設備。
五、水霧滅火設備。
六、泡沫滅火設備。
七、二氧化碳滅火設備。
八、惰性氣體滅火設備。
九、鹵化烴滅火設備。

十、乾粉滅火設備。
十一、簡易自動滅火設備。

第9條
★★★
○check

警報設備種類如下：
一、火警自動警報設備。
二、手動報警設備。
三、緊急廣播設備。
四、瓦斯漏氣火警自動警報設備。
五、119火災通報裝置。

第10條
★☆☆
○check

避難逃生設備種類如下：
一、標示設備：出口標示燈、避難方向指示燈、觀眾席引導燈、避難指標。
二、避難器具：指滑臺、避難梯、避難橋、救助袋、緩降機、避難繩索、滑杆及其他避難器具。
三、緊急照明設備。

第11條
★★☆
○check

消防搶救上之必要設備種類如下：
一、連結送水管。
二、消防專用蓄水池。
三、排煙設備(緊急昇降機間、特別安全梯間排煙設備、室內排煙設備)。
四、緊急電源插座。

五、無線電通信輔助設備。
六、防災監控系統綜合操作裝置。

第12條
★★☆
○check

各類場所按用途分類如下：
一、甲類場所：
(一) 電影片映演場所(戲院、電影院)、歌廳、舞廳、夜總會、俱樂部、理容院(觀光理髮、視聽理容等)、指壓按摩場所、錄影節目帶播映場所(MTV等)、視聽歌唱場所(KTV等)、酒家、酒吧、酒店(廊)。
(二) 保齡球館、撞球場、集會堂、健身休閒中心(含提供指壓、三溫暖等設施之美容瘦身場所)、室內螢幕式高爾夫練習場、遊藝場所、電子遊戲場、資訊休閒場所。
(三) 觀光旅館、飯店、旅館、招待所(限有寢室客房者)。
(四) 商場、市場、百貨商場、超級市場、零售市場、展覽場。

(五) 餐廳、飲食店、咖啡廳、茶藝館。

(六) 醫院、療養院、榮譽國民之家、長期照顧服務機構(限機構住宿式、社區式之建築物使用類組非屬H-2之日間照顧、團體家屋及小規模多機能)、老人福利機構(限長期照護型、養護型、失智照顧型之長期照顧機構、安養機構)、兒童及少年福利機構(限托嬰中心、早期療育機構、有收容未滿二歲兒童之安置及教養機構)、護理機構(限一般護理之家、精神護理之家、產後護理機構)、身心障礙福利機構(限供住宿養護、日間服務、臨時及短期照顧者)、身心障礙者職業訓練機構(限提供住宿或使用特殊機具者)、啟明、啟智、啟聰等特殊學校。

(七) 三溫暖、公共浴室。

二、乙類場所：

(一) 車站、飛機場大廈、候船室。

(二) 期貨經紀業、證券交易所、金融機構。

(三) 學校教室、兒童課後照顧服務中心、補習班、訓練班、K書中心、前款第六目以外之兒童及少年福利機構(限安置及教養機構)及身心障礙者職業訓練機構。

(四) 圖書館、博物館、美術館、陳列館、史蹟資料館、紀念館及其他類似場所。

(五) 寺廟、宗祠、教堂、供存放骨灰(骸)之納骨堂(塔)及其他類似場所。

(六) 辦公室、靶場、診所、長期照顧服務機構(限社區式之建築物使用類組屬H-2之日間照顧、團體家屋及小規模多機能)、日間型精神復健機構、兒童及少年心理輔導或家庭諮詢機構、身心障礙者就業服務機構、老人文康機構、前款第六目以外之老人福利機構及身心障礙福利機構。

(七) 集合住宅、寄宿舍、住宿型精神復健機構。

(八) 體育館、活動中心。

(九) 室內溜冰場、室內游泳池。

(十) 電影攝影場、電視播送場。

(十一) 倉庫、傢俱展示販售場。

(十二) 幼兒園。

三、丙類場所：

(一) 電信機器室。

(二) 汽車修護廠、飛機修理廠、飛機庫。

(三) 室內停車場、建築物依法附設之室內停車空間。

四、丁類場所：
(一) 高度危險工作場所。
(二) 中度危險工作場所。
(三) 低度危險工作場所。
五、戊類場所：
(一) 複合用途建築物中，有供第一款用途者。
(二) 前目以外供第二款至前款用途之複合用途建築物。
(三) 地下建築物。
六、其他經中央主管機關公告之場所。

第13條

各類場所於增建、改建或變更用途時，其消防安全設備之設置，適用增建、改建或用途變更前之標準。但有下列情形之一者，適用增建、改建或變更用途後之標準：
一、其消防安全設備為滅火器、火警自動警報設備、手動報警設備、緊急廣播設備、標示設備、避難器具及緊急照明設備者。
二、增建或改建部分，以本標準中華民國85年7月1日修正條文施行日起，樓地板面積合計逾1000平方公尺或占原建築物總樓地板面積1/2以上時，該建築物之消防安全設備。

三、用途變更為甲類場所使用時，該變更後用途之消防安全設備。

四、用途變更前，未符合變更前規定之消防安全設備。

第14條

★★☆

▢check

下列場所應設置滅火器：

一、甲類場所、地下建築物、幼兒園。

二、總樓地板面積在**150**平方公尺以上之乙、丙、丁類場所。

三、設於地下層或無開口樓層，且樓地板面積在**50**平方公尺以上之各類場所。

四、設有放映室或變壓器、配電盤及其他類似電氣設備之各類場所。

五、設有鍋爐房、廚房等大量使用火源之各類場所。

第15條 NEW ★★★ ▢check

下列場所應設置室內消防栓設備：

一、5層以下建築物，供第十二條第一款第一目所列場所使用，任何一層樓地板面積在300平方公尺以上者；供同款其他各目及第二款至第四款所列場所使用，任何一層樓地板面積在500平方公尺以上者；或為學校教室任何一層樓地板面積在1400平方公尺以上者。

二、6層以上建築物，供第十二條第一款至第四款所列場所使用，任何一層之樓地板面積在150平方公尺以上者。

三、總樓地板面積在150平方公尺以上之地下建築物。

四、地下層或無開口之樓層，供第十二條第一款第一目所列場所使用，樓地板面積在100平方公尺以上者；供第一款其他各目及第二款至第四款所列場所使用，樓地板面積在150平方公尺以上者。

前項應設室內消防栓設備之場所，依本標準設有自動撒水(含補助撒水栓)、水霧、泡沫、二氧化碳、惰性氣體、鹵化烴或乾粉或室外消防栓等滅火設備者，在該有效範圍內，得免設室內消防栓設備。但設有室外消防栓設備時，在第一層水平距離**40**公尺以下、第2層步行距離**40**公尺以下有效滅火範圍內，室內消防栓設備限於第1層、第2層免設。

第16條

★★☆

▢check

下列場所應設置室外消防栓設備：

一、高度危險工作場所，其建築物及儲存場所之第1層及第2層樓地板面積合計在**3000**平方公尺以上者。

二、中度危險工作場所，其建築物及儲存場所之第1層及第2層樓地板面積合計在**5000**平方公尺以上者。

三、低度危險工作場所，其建築物及儲存場所之第1層及第2層樓地板面積合計在**10000**平方公尺以上者。

四、如有不同危險程度工作場所未達前三款規定標準，而以各款場所之實際面積為分子，各款規定之面積為分母，分別計算，其比例之總和大於1者。

五、同一建築基地內有2棟以上木造或其他易燃構造建築物時，建築物間外牆與中心線水平距離第1層在3公尺以下，第2層在5公尺以下，且合計各棟第1層及第2層樓地板面積在3000平方公尺以上者。

前項應設室外消防栓設備之場所，依本標準設有自動撒水、水霧、泡沫、二氧化碳、惰性氣體、鹵化烴或乾粉等滅火設備者，在該有效範圍內，得免設室外消防栓設備。

第17條

NEW

★★★

▢check

下列場所或樓層應設置自動撒水設備：

一、10層以下建築物之樓層，供第十二條第一款第一目所列場所使用，樓地板面積合計在300平方公尺以上者；供同款其他各目及第二款第一目所列場所使用，樓地板面積在1500平方公尺以上者。

二、建築物在11層以上之樓層，樓地板面積在100平方公尺以上者。

三、地下層或無開口樓層，供第十二條第一款所列場所使用，樓地板面積在1000平方公尺以上者。

四、11層以上建築物供第十二條第一款所列場所或第五款第一目使用者。

五、供第十二條第五款第一目使用之建築物中，甲類場所樓地板面積合計達3000平方公尺以上時，供甲類場所使用之樓層。

六、供第十二條第二款第十一目使用之場所，樓層高度超過10公尺且樓地板面積在700平方公尺以上之高架儲存倉庫。

七、總樓地板面積在1000平方公尺以上之地下建築物。

八、高層建築物。

九、供第十二條第一款第六目所定榮譽國民之家、長期照顧服務機構(限機構住宿式、社區式之建築物使用類組非屬H-2之日間照顧、團體家屋及小規模多機能)、老人福利機構(限長期照護型、養護型、失智照顧型之長期照顧機構、安養機構)、護理機構(限一般護理之家、精神護理之家)、身心障礙福利機構(限照顧植物人、失智症、重癱、長期臥床或身心功能退化者)使用之場所。

前項應設自動撒水設備之場所，依本標準設有水霧、泡沫、二氧化碳、惰性氣體、鹵化烴或乾粉等滅火設備者，在該有效範圍內，得免設自動撒水設備。

第一項第九款所定場所，其樓地板面積合計未達**1000**平方公尺者，得設置水道連結型自動撒水設備或與現行法令同等以上效能之滅火設備或採用中央主管機關公告之措施；水道連結型自動撒水設備設置基準，由中央主管機關定之。

第18條 NEW ★★☆ ▢check

下表所列之場所，應就水霧、泡沫、二氧化碳、惰性氣體、鹵化烴或乾粉滅火設備等選擇設置之。但外牆開口面積(常時開放部分)達該層樓地板面積**15%**以上者，上列滅火設備得採移動式設置。

項目	應設場所	水霧	泡沫	二氧化碳或惰性氣體	鹵化烴	乾粉
一	屋頂直昇機停機場(坪)。		○			○
二	飛機修理廠、飛機庫樓地板面積在200平方公尺以上者。		○			○
三	汽車修理廠、室內停車空間在第一層樓地板面積500平方公尺以上者；在地下層或第二層以上樓地板面積在200平方公尺以上者；在屋頂設有停車場樓地板面積在300平方公尺以上者。	○	○	○	○	○
四	昇降機械式停車場可容納10輛以上者。	○	○	○	○	○
五	發電機室、變壓器室及其他類似之電器設備場所，樓地板面積在200平方公尺以上者。	○		○	○	○
六	鍋爐房、廚房等大量使用火源之場所，樓地板面積在200平方公尺以上者。			○	○	○

項目	應設場所	水霧	泡沫	二氧化碳或惰性氣體	鹵化烴	乾粉
七	電信機械室、電腦室或總機室及其他類似場所，樓地板面積在200平方公尺上者。			○	○	○

註：
一、大量使用火源場所，指最大消費熱量合計在每小時30萬千卡以上者。
二、廚房如設有自動撒水設備，且排油煙管及煙罩設簡易自動滅火裝置時，得不受本表限制。
三、停車空間內車輛採一列停放，並能同時通往室外者，得不受本表限制。
四、本表項目三及項目四所列應設場所得設置自動撒水設備；項目七所列應設場所得設置預動式自動撒水設備，不受本表限制。
五、平時有特定或不特定人員使用之中央管理室、防災中心等類似處所，不得設置二氧化碳滅火設備。

樓地板面積在300平方公尺以上之餐廳或供第十二條第一款第六目所定榮譽國民之家、長期照顧服務機構(限機構住宿式、社區式之建築物使用類組非屬H-2之日間照顧、團體家屋及小規模多機能)、老人福利機構(限長期照護型、養護型、失智照顧型之長期照顧機構、安養機構)、護理機構(限一般護理之家、精神護理之家)、身心障礙福利機構(限照顧植物人、失智症、重癱、長期臥床或身心功能退化者)使用之場所且樓地板面積合計在500平方公尺以上者，其廚房排油煙管及煙罩應設簡易自動滅火設備。但已依前項規定設有滅火設備者，得免設簡易自動滅火設備。

第19條
★★★
▢check

下列場所應設置火警自動警報設備：

一、5層以下之建築物，供第十二條第一款及第二款第十二目所列場所使用，任何一層之樓地板面積在300平方公尺以上者；或供同條第二款(第十二目除外)至第四款所列場所使用，任何一層樓地板面積在500平方公尺以上者。

二、6層以上10層以下之建築物任何一層樓地板面積在300平方公尺以上者。

三、11層以上建築物。

四、地下層或無開口樓層，供第十二條第一款第一目、第五目及第五款(限其中供第一款第一目或第五目使用者)使用之場所，樓地板面積在100平方公尺以上者；供同條第一款其他各目及其他各款所列場所使用，樓地板面積在300平方公尺以上者。

五、供第十二條第五款第一目使用之建築物，總樓地板面積在500平方公尺以上，且其中甲類場所樓地板面積合計在300平方公尺以上者。

六、供第十二條第一款及第五款第三目所列場所使用，總樓地板面積在300平方公尺以上者。

七、供第十二條第一款第六目所定榮譽國民之家、長期照顧服務機構(限機構住宿式、社區式之建築物使用類組非屬H-2之日間照顧、團體家屋及小規模多機能)、老人福利機構(限長期照護型、養護型、失智照顧型之長期照顧機構、安養機構)、護理機構(限一般護理之家、精神護理之家)、身心障礙福利機構(限照顧植物人、失智症、重癱、長期臥床或身心功能退化者)使用之場所。

前項應設火警自動警報設備之場所，除供甲類場所、地下建築物、高層建築物或應設置偵煙式探測器之場所外，如已依本標準設置自動撒水、水霧或泡沫滅火設備(限使用標示攝氏溫度75度以下，動作時間六十秒以內之密閉型撒水頭)者，在該有效範圍內，得免設火警自動警報設備。

第20條

下列場所應設置手動報警設備：

一、**3層**以上建築物，任何一層樓地板面積在**200**平方公尺以上者。

二、第十二條第一款第三目之場所。

第21條

★☆☆
▢check

下列使用瓦斯之場所應設置瓦斯漏氣火警自動警報設備：

一、地下層供第十二條第一款所列場所使用，樓地板面積合計**1000**平方公尺以上者。

二、供第十二條第五款第一目使用之地下層，樓地板面積合計1000平方公尺以上，且其中甲類場所樓地板面積合計500平方公尺以上者。

三、總樓地板面積在1000平方公尺以上之地下建築物。

第22條
☆☆☆
▢check

依第十九條或前條規定設有火警自動警報或瓦斯漏氣火警自動警報設備之建築物，應設置緊急廣播設備。

第22-1條
☆☆☆
▢check

下列場所應設置119火災通報裝置：

一、供第十二條第一款第六目所定醫院、療養院、榮譽國民之家、長期照顧服務機構(限機構住宿式、社區式之建築物使用類組非屬H-2之日間照顧、團體家屋及小規模多機能)、老人福利機構(限長期照護型、養護型、失智照顧型之長期照顧機構、安養機構)、護理機構(限一般護理之家、精神護理之家)、身心障礙福利機構(限照顧植物人、失智症、重癱、長期臥床或身心功能退化者)使用之場所。

二、其他經中央主管機關公告之供公眾使用之場所。

第23條
★☆☆
▢check

下列場所應設置標示設備：

一、供第十二條第一款、第二款第十二目、第五款第一目、第三目使用之場所，或地下層、無開口樓層、11層以上之樓層供同條其他各款目所列場所使用，應設置出口標示燈。

二、供第十二條第一款、第二款第十二目、第五款第一目、第三目使用之場所，或地下層、無開口樓層、11層以上之樓層供同條其他各款目所列場所使用，應設置避難方向指示燈。

三、戲院、電影院、歌廳、集會堂及類似場所，應設置觀眾席引導燈。

四、各類場所均應設置避難指標。但設有避難方向指示燈或出口標示燈時，在其有效範圍內，得免設置避難指標。

第24條

★☆☆

○check

下列場所應設置緊急照明設備：

一、供第十二條第一款、第三款及第五款所列場所使用之居室。

二、供第十二條第二款第一目、第二目、第三目(學校教室除外)、第四目至第六目、第七目所定住宿型精神復健機構、第八目、第九目及第十二目所列場所使用之居室。

三、總樓地板面積在**1000**平方公尺以上建築物之居室(學校教室除外)。

四、有效採光面積未達該居室樓地板面積**5%**者。

五、供前四款使用之場所，自居室通達避難層所須經過之走廊、樓梯間、通道及其他平時依賴人工照明部分。

經中央主管機關認可為容易避難逃生或具有效採光之場所，得免設緊急照明設備。

第25條

★☆☆

▢check

建築物除11層以上樓層及避難層外，各樓層應選設**滑臺**、**避難梯**、**避難橋**、**救助袋**、**緩降機**、**避難繩索**、**滑杆**或經中央主管機關認可具同等性能之避難器具。但建築物在構造及設施上，並無避難逃生障礙，經中央主管機關認可者，不在此限。

第26條

下列場所應設置連結送水管：

一、5層或6層建築物總樓地板面積在**6000**平方公尺以上者及**7層**以上建築物。

二、總樓地板面積在**1000**平方公尺以上之地下建築物。

第27條

下列場所應設置消防專用蓄水池：

一、各類場所其建築基地面積在**2萬**平方公尺以上，且任何一層樓地板面積在**1500**平方公尺以上者。

二、各類場所其高度超過**31**公尺，且總樓地板面積在**2萬5000**平方公尺以上者。

三、同一建築基地內有2棟以上建築物時，建築物間外牆與中心線水平距離第1層在**3**公尺以下，第2層在5公尺以下，且合計各棟該第1層及第2層樓地板面積在10000平方公尺以上者。

第28條

★★☆

▢check

下列場所應設置排煙設備：

一、供第十二條第一款及第五款第三目所列場所使用，樓地板面積合計在500平方公尺以上。

二、樓地板面積在100平方公尺以上之居室，其天花板下方80公分範圍內之有效通風面積未達該居室樓地板面積2%者。

三、樓地板面積在1000平方公尺以上之無開口樓層。

四、供第十二條第一款第一目所列場所及第二目之集會堂使用，舞臺部分之樓地板面積在500平方公尺以上者。

五、依建築技術規則應設置之特別安全梯或緊急昇降機間。

前項場所之樓地板面積，在建築物以具有1小時以上防火時效之牆壁、平時保持關閉之防火門窗等防火設備及各該樓層防火構造之樓地板區劃，且防火設備具1小時以上之阻熱性者，增建、改建或變更用途部分得分別計算。

第29條 ★☆☆ ▢check

下列場所應設置緊急電源插座：

一、11層以上建築物之各樓層。

二、總樓地板面積在1000平方公尺以上之地下建築物。

三、依建築技術規則應設置之緊急昇降機間。

第30條 ★☆☆ ▢check

下列場所應設置無線電通信輔助設備：

一、樓高在100公尺以上建築物之地下層。

二、總樓地板面積在1000平方公尺以上之地下建築物。

三、地下層在4層以上，且地下層樓地板面積合計在3000平方公尺以上建築物之地下層。

第30-1條 ★☆☆ ▢check

下列場所應設置防災監控系統綜合操作裝置：

一、高層建築物。

二、總樓地板面積在5萬平方公尺以上之建築物。

三、總樓地板面積在1000平方公尺以上之地下建築物。

四、其他經中央主管機關公告之供公眾使用之場所。

第三編　消防安全設計

第一章 滅火設備

第一節　滅火器及室內消防栓設備

第31條 滅火器應依下列規定設置：

一、視各類場所潛在火災性質設置，並依下列規定核算其最低滅火效能值：

(一) 供第十二條第一款及第五款使用之場所，各層樓地板面積每100平方公尺(含未滿)有一滅火效能值。

(二) 供第十二條第二款至第四款使用之場所，各層樓地板面積每200平方公尺(含未滿)有一滅火效能值。

(三) 鍋爐房、廚房等大量使用火源之處所，以樓地板面積每25平方公尺(含未滿)有一滅火效能值。

二、電影片映演場所放映室及電氣設備使用之處所，每100平方公尺(含未滿)另設一滅火器。

三、設有滅火器之樓層，自樓面居室任一點至滅火器之步行距離在20公尺以下。

四、固定放置於取用方便之明顯處所，並設有以紅底白字標明滅火器字樣之標識，其每字應在20平方公分以上。但與室內消防栓箱等設備併設於箱體內並於箱面標明滅火器字樣者，其標識顏色不在此限。

五、懸掛於牆上或放置滅火器箱中之滅火器，其上端與樓地板面之距離，18公斤以上者在1公尺以下，未滿18公斤者在1.5公尺以下。

第32條 ★★☆ ▢check

室內消防栓設備之配管、配件及屋頂水箱，依下列規定設置：

一、配管部分：

(一) 應為專用。但與室外消防栓、自動撒水設備及連結送水管等滅火系統共用，無礙其功能者，不在此限。

(二) 符合下列規定之一：

1. 國家標準(以下簡稱CNS) 6445五配管用碳鋼鋼管、4626壓力配管用碳鋼鋼管、6331配管用不銹鋼鋼管或具同等以上強度、耐腐蝕性及耐熱性者。

2. 經中央主管機關認可具氣密性、強度、耐腐蝕性、耐候性及耐熱性等性能之合成樹脂管。

(三) 管徑，依水力計算配置。但立管與連結送水管共用時，其管徑在100毫米以上。

(四) 立管管徑，第一種消防栓在63毫米以上；第二種消防栓在50毫米以上。
(五) 立管裝置於不受外來損傷及火災不易殃及之位置。
(六) 立管連接屋頂水箱、重力水箱或壓力水箱，使配管平時充滿水。
(七) 採取有效之防震措施。

二、止水閥以明顯之方式標示開關之狀態，逆止閥標示水流之方向，並符合CNS規定。

三、屋頂水箱部分：
(一) 水箱之水量，第一種消防栓有0.5立方公尺以上；第二種消防栓有0.3立方公尺以上。但與其他滅火設備並用時，水量應取其最大值。
(二) 採取有效之防震措施。
(三) 斜屋頂建築物得免設。

第33條
★☆☆
▢check

室內消防栓設備之消防立管管系竣工時，應做加壓試驗，試驗壓力不得小於加壓送水裝置全閉揚程1.5倍以上之水壓。試驗壓力以繼續維持2小時無漏水現象為合格。

第34條
★★★
▢check

除第十二條第二款第十一目或第四款之場所，應設置第一種消防栓外，其他場所應就下列二種消防栓選擇設置之：

一、第一種消防栓，依下列規定設置：

(一) 各層任一點至消防栓接頭之水平距離在25公尺以下。

(二) 任一樓層內，全部消防栓同時使用時，各消防栓瞄子放水壓力在每平方公分1.7公斤以上或0.17MPa以上，放水量在每分鐘130公升以上。但全部消防栓數量超過2支時，以同時使用2支計算之。

(三) 消防栓箱內，配置口徑38毫米或50毫米之消防栓1個，口徑38毫米或50毫米、長15公尺並附快式接頭之水帶2條，水帶架一組及口徑13毫米以上之直線水霧兩用瞄子1具。但消防栓接頭至建築物任一點之水平距離在15公尺以下時，水帶部分得設10公尺水帶二條。

二、第二種消防栓，依下列規定設置：

(一) 各層任一點至消防栓接頭之水平距離在25公尺以下。

(二) 任一樓層內，全部消防栓同時使用時，各消防栓瞄子放水壓力在每平方公分1.7公斤以上或0.17MPa以上，放水量在每分鐘80公升以上。但全部消防栓數量超過2支時，以同時使用2支計算之。

(三) 消防栓箱內，配置口徑25毫米消防栓連同管盤長30公尺之皮管或消防用保形水帶及直線水霧兩用瞄子1具，且瞄子設有容易開關之裝置。

前項消防栓，應符合下列規定：

一、消防栓開關距離樓地板之高度，在0.3公尺以上1.5公尺以下。

二、設在走廊或防火構造樓梯間附近便於取用處。

三、供集會或娛樂處所，設於舞臺二側、觀眾席後二側、包廂後側之位置。

四、在屋頂上適當位置至少設置1個測試用出水口，並標明測試出水口字樣。但斜屋頂設置測試用出水口有困難時，得免設。

第35條

☆☆☆

▢check

室內消防栓箱，應符合下列規定：

一、箱身為厚度在1.6毫米以上之鋼板或具同等性能以上之不燃材料者。

二、具有足夠裝設消防栓、水帶及瞄子等裝備之深度，其箱面表面積在0.7平方公尺以上。

三、箱面有明顯而不易脫落之消防栓字樣，每字在20平方公分以上。

第36條
★★☆
○check

室內消防栓設備之水源容量，應在裝置室內消防栓最多樓層之全部消防栓繼續放水20分鐘之水量以上。但該樓層內，全部消防栓數量超過2支時，以2支計算之。

消防用水與普通用水合併使用者，應採取必要措施，確保前項水源容量在有效水量範圍內。

第一項水源得與本章所列其他滅火設備水源併設。但其總容量應在各滅火設備應設水量之合計以上。

第37條
☆☆☆
○check

依前條設置之水源，應連結加壓送水裝置，並依下列各款擇一設置：

一、重力水箱，應符合下列規定：

(一) 有水位計、排水管、溢水用排水管、補給水管及人孔之裝置。

(二) 消防栓水箱必要落差在下列計算值以上：必要落差＝消防水帶摩擦損失水頭＋配管摩擦損失水頭＋**17**(計算單位：公尺)**H=h1+h2+17m**

二、壓力水箱，應符合下列規定：

(一) 有壓力表、水位計、排水管、補給水管、給氣管、空氣壓縮機及人孔之裝置。

(二) 水箱內空氣占水箱容積之**1/3**以上，壓力在使用建築物最遠處之消防栓維持規定放水水壓所需壓力以上。當水箱內壓力及液面減低時，能自動補充加壓。空氣壓縮機及加壓幫浦與緊急電源相連接。

(三) 消防栓水箱必要壓力在下列計算值以上：必要壓力＝消防水帶摩擦損失水頭+配管摩擦損失水頭＋落差＋**1.7**(計算單位：公斤／平方公分)

$P=P1+P2+P3+1.7kgf/cm^2$

三、消防幫浦，應符合下列規定：

(一) 幫浦出水量，第一種消防栓每支每分鐘之水量在150公升以上；第二種消防栓每支每分鐘之水量在90公升以上。但全部消防栓數量超過2支時，以2支計算之。

(二) 消防栓幫浦全揚程在下列計算值以上：幫浦全揚程＝消防水帶摩擦損失水頭＋配管摩擦損失水頭＋落差＋17(計算單位：公尺)

$H=h1+h2+h3+17m$

(三) 應為專用。但與其他滅火設備並用，無妨礙各設備之性能時，不在此限。

(四) 連接緊急電源。

前項加壓送水裝置除重力水箱外，依下列規定設置：

一、設在便於檢修，且無受火災等災害損害之處所。

二、使用消防幫浦之加壓送水裝置，以具1小時以上防火時效之牆壁、樓地板及防火門窗等防火設備區劃分隔。但設於屋頂或屋外時，設有不受積水及雨水侵襲之防水措施者，不在此限。

三、設自動或手動啟動裝置，其停止僅限於手動操作。手動啟動裝置應設於每一室內消防栓箱內，室內消防栓箱上方有紅色啟動表示燈。

四、室內消防栓瞄子放水壓力超過每平方公分7公斤時，應採取有效之減壓措施。

五、採取有效之防震措施。

第38條

★☆☆

▢check

室內消防栓設備之緊急電源，應使用發電機設備或蓄電池設備，其供電容量應供其有效動作**30**分鐘以上。

前項緊急電源在供第十二條第四款使用之場所，得使用具有相同效果之引擎動力系統。

第二節　室外消防栓設備

第39條
★☆☆
▢check

室外消防栓設備之配管、試壓及緊急電源，準用第三十二條第一款第一目至第五目、第七目、第二款、第三十三條及第三十八條規定設置。

配管除符合前項規定外，水平主幹管外露部分，應於每20公尺內，以明顯方式標示水流方向及配管名稱。

第40條
★★★
▢check

室外消防栓，依下列規定設置：

一、口徑在63毫米以上，與建築物一樓外牆各部分之水平距離在40公尺以下。

二、瞄子出水壓力在每平方公分2.5公斤以上或0.25MPa以上，出水量在每分鐘350公升以上。

三、室外消防栓開關位置，不得高於地面1.5公尺，並不得低於地面0.6公尺。設於地面下者，其水帶接頭位置不得低於地面0.3公尺。

四、於其5公尺範圍內附設水帶箱，並符合下列規定：

(一) 水帶箱具有足夠裝置水帶及瞄子之深度，箱底二側設排水孔，其箱面表面積在0.8平方公尺以上。
(二) 箱面有明顯而不易脫落之水帶箱字樣，每字在20平方公分以上。
(三) 箱內配置口徑63毫米及長20公尺水帶2條、口徑19毫米以上直線噴霧兩用型瞄子1具及消防栓閥型開關一把。

五、室外消防栓3公尺以內，保持空曠，不得堆放物品或種植花木，並在其附近明顯易見處，標明消防栓字樣。

第41條
★☆☆
▢check

室外消防栓設備之水源容量，應在二具室外消防栓同時放水30分鐘之水量以上。
消防用水與普通用水合併使用者，應採取必要措施，確保前項水源容量，在有效水量範圍內。
第一項水源得與其他滅火設備併設。但其總容量應在各滅火設備應設水量之合計以上。

第42條
☆☆☆
▢check

依前條設置之水源，應連結加壓送水裝置，並依下列各款擇一設置：

一、重力水箱，應符合下列規定：

(一) 有水位計、排水管、溢水用排水管、補給水管及人孔之裝置。

(二) 水箱必要落差在下列計算值以上：必要落差＝消防水帶摩擦損失水頭＋配管摩擦損失水頭＋25(計算單位：公尺)
H=h1+h2+25m

二、壓力水箱，應符合下列規定：

(一) 有壓力表、水位計、排水管、補給水管、給氣管、空氣壓縮機及人孔之裝置。

(二) 水箱內空氣占水箱容積之1/3以上，壓力在使用建築物最高處之消防栓維持規定放水水壓所需壓力以上。當水箱內壓力及液面減低時，能自動補充加壓。空氣壓縮機及加壓幫浦與緊急電源相連接。

(三) 水箱必要壓力在下列計算值以上：必要壓力＝消防水帶摩擦損失水頭＋配管摩擦損失水頭＋落差＋2.5(計算單位：公斤／平方公分)$P=P1+P2+P3+2.5kgf/cm^2$

三、消防幫浦，應符合下列規定：

(一) 幫浦出水量，一支消防栓在每分鐘400公升以上。但全部消防栓數量超過二支時，以2支計算之。

(二) 幫浦全揚程在下列計算值以上：
幫浦全揚程＝消防水帶摩擦損失水頭＋配管摩擦損失水頭＋落差＋25(計算單位：公尺)
$H=h1+h2+h3+25m$

(三) 應為專用。但與其他滅火設備並用，無妨礙各設備之性能時，不在此限。

(四) 連接緊急電源。

前項加壓送水裝置除採重力水箱外，準用第三十七條第二項第一款至第三款、第五款規定，室外消防栓瞄子放水壓力超過每平方公分6公斤或0.6Mpa時，應採取有效之減壓措施。

第三節　自動撒水設備

第43條
★★★
▢check

自動撒水設備，得依實際情況需要就下列各款擇一設置。但供第十二條第一款第一目所列場所及第二目之集會堂使用之舞臺，應設開放式：

一、密閉濕式：平時管內貯滿高壓水，撒水頭動作時即撒水。

二、密閉乾式：平時管內貯滿高壓空氣，撒水頭動作時先排空氣，繼而撒水。

三、開放式：平時管內無水，啟動一齊開放閥，使水流入管系撒水。

四、預動式：平時管內貯滿低壓空氣，以感知裝置啟動流水檢知裝置，且撒水頭動作時即撒水。

五、其他經中央主管機關認可者。

第44條
★★☆
▢check

自動撒水設備之配管、配件及屋頂水箱，除準用第三十二條第一款、第二款規定外，依下列規定設置：

一、密閉乾式或預動式之流水檢知裝置二次側配管，施予鍍鋅等防腐蝕處理。一齊開放閥二次側配管，亦同。

二、密閉乾式或預動式之流水檢知裝置二次側配管，為有效排水，依下列規定裝置：

(一) 支管每**10**公尺傾斜**4**公分，主管每**10**公尺傾斜**2**公分。

(二) 於明顯易見處設排水閥，並標明排水閥字樣。

三、立管連接屋頂水箱時，屋頂水箱之容量在**1**立方公尺以上。

第45條

自動撒水設備竣工時，應做加壓試驗，其測試方法準用第三十三條規定。但密閉乾式管系應併行空氣壓試驗，試驗時，應使空氣

壓力達到每平方公分2.8公斤或0.28MPa之標準，其壓力持續24小時，漏氣減壓量應在每平方公分0.1公斤以下或0.01MPa以下為合格。

第46條
NEW
★★☆
▢check

撒水頭，依下列規定配置：

一、戲院、舞廳、夜總會、歌廳、集會堂等表演場所之舞臺及道具室、電影院之放映室或儲存易燃物品之倉庫，任一點至撒水頭之水平距離，在1.7公尺以下。

二、汽車修理廠、室內停車空間及昇降機械式停車場，任一點至撒水頭之水平距離，在2.1公尺以下。

三、前二款以外之場所依下列規定配置：

(一) 一般反應型撒水頭(第二種感度)，各層任一點至撒水頭之水平距離在2.1公尺以下。但防火構造建築物，其水平距離，得增加為2.3公尺以下。

(二) 快速反應型撒水頭(第一種感度)，各層任一點至撒水頭之水平距離在2.3公尺以下。但設於防火構造建築物，其水平距離，得增加為2.6公尺以下；撒水頭有效撒水半徑經中央主管機關認可者，其水平距離，得超過2.6公尺。

四、第十二條第一款第三目、第六目、第二款第七目、第五款第一目等場所之住宿居室、病房及其他類似處所，得採用小區劃型撒水頭(以第一種感度為限)，任一點至撒水頭之水平距離在2.6公尺以下，撒水頭間距在3公尺以上，且任一撒水頭之防護面積在13平方公尺以下。

五、前款所列場所之住宿居室等及其走廊、通道與其類似場所，得採用側壁型撒水頭(以第一種感度為限)，牆面二側至撒水頭之水平距離在1.8公尺以下，牆壁前方至撒水頭之水平距離在3.6公尺以下。

六、中央主管機關認定儲存大量可燃物之場所天花板高度超過6公尺，或其他場所天花板高度超過10公尺者，應採用放水型撒水頭。

七、地下建築物天花板與樓板間之高度，在50公分以上時，天花板與樓板均應配置撒水頭，且任一點至撒水頭之水平距離在2.1公尺以下。但天花板以不燃性材料裝修者，其樓板得免設撒水頭。

第十七條第一項第六款之高架儲存倉庫，其撒水頭依下列規定配置：

一、設在貨架之撒水頭，應符合下列規定：

(一) 任一點至撒水頭之水平距離，在2.5公尺以下，並以交錯方式設置。

(二) 儲存棉花類、塑膠類、木製品、紙製品或紡織製品等易燃物品時，每4公尺高度至少設置1個；儲存其他物品時，每6公尺高度至少設置一個。

(三) 儲存之物品會產生撒水障礙時，該物品下方亦應設置。

(四) 設置符合第四十七條第二項規定之防護板。但使用經中央主管機關認可之貨架撒水頭者，不在此限。

二、前款以外，設在天花板或樓板之撒水頭，任一點至撒水頭之水平距離在2.1公尺以下。

第47條

NEW

★★★

□check

撒水頭之位置，依下列規定裝置：

一、撒水頭軸心與裝置面成垂直裝置。

二、撒水頭迴水板下方45公分內及水平方向30公分內，應保持淨空間，不得有障礙物。

三、密閉式撒水頭之迴水板裝設於裝置面(指樓板或天花板)下方，其間距在30公分以下。

四、密閉式撒水頭裝置於樑下時，迴水板與樑底之間距在

10公分以下，且與樓板或天花板之間距在50公分以下。

五、密閉式撒水頭裝置面，四周以淨高40公分以上之樑或類似構造體區劃包圍時，按各區劃裝置。但該樑或類似構造體之間距在180公分以下者，不在此限。

六、使用密閉式撒水頭，且風管等障礙物之寬度超過120公分時，該風管等障礙物下方，亦應設置。

七、側壁型撒水頭應符合下列規定：

(一) 撒水頭與裝置面(牆壁)之間距，在15公分以下。

(二) 撒水頭迴水板與天花板或樓板之間距，在15公分以下。

(三) 撒水頭迴水板下方及水平方向45公分內，保持淨空間，不得有障礙物。

八、密閉式撒水頭側面有樑時，依下表裝置：

撒水頭與樑側面淨距離(公分)	74以下	75以上99以下	100以上149以下	150以上
迴水板高出樑底面尺寸(公分)	0	9以下	14以下	29以下

九、汽車修理廠、室內停車空間及昇降機械式停車場有複層式停車設施者，其撒水頭設置準用第七十一條第五款及第六款規定。

前項第八款之撒水頭，其迴水板與天花板或樓板之距離超過30公分時，依下列規定設置防護板：

一、防護板應使用金屬材料，且直徑在30公分以上。

二、防護板與迴水板之距離，在30公分以下。

第48條 ☆☆☆ ○check

密閉式撒水頭，應就裝置場所平時最高周圍溫度，依下表選擇一定標示溫度之撒水頭。

最高周圍溫度	標示溫度
39度未滿	75度未滿
39度以上64度未滿	75度以上121度未滿
64度以上106度未滿	121度以上162度未滿
106度以上	162度以上

第49條 ★☆☆ ▢check

下列處所得免裝撒水頭：

一、洗手間、浴室或廁所。

二、室內安全梯間、特別安全梯間或緊急昇降機間之排煙室。

三、防火構造之昇降機昇降路或管道間。

四、昇降機機械室或通風換氣設備機械室。

五、電信機械室或電腦室。

六、發電機、變壓器等電氣設備室。

七、外氣流通無法有效探測火災之走廊。

八、手術室、產房、X光(放射線)室、加護病房或麻醉室等其他類似處所。

九、第十二條第一款第一目所列場所及第二目之集會堂使用之觀眾席，設有固定座椅部分，且撒水頭裝置面高度在**8**公尺以上者。

十、室內游泳池之水面或溜冰場之冰面上方。

十一、主要構造為防火構造，且開口設有具1小時以上防火時效之防火門之金庫。

十二、儲存鋁粉、碳化鈣、磷化鈣、鈉、生石灰、鎂粉、鉀、過氧化鈉等禁水性物質或其他遇水時將發生危險之化學品倉庫或房間。

十三、第十七條第一項第五款之建築物(地下層、無開口樓層及第11層以上之樓層除外)中，供第十二條第二款至第四款所列場所使用，與其他部分間以具1小時以上防火時效之牆壁、樓地板區劃分隔，並符合下列規定者：

(一) 區劃分隔之牆壁及樓地板開口面積合計在8平方公尺以下，且任一開口面積在4平方公尺以下。

(二) 前目開口部設具1小時以上防火時效之防火門窗等防火設備，且開口部與走廊、樓梯間不得使用防火鐵捲門。但開口面積在4平方公尺以下，且該區劃分隔部分能二方向避難者，得使用具半小時以上防火時效之防火門窗等防火設備。

十四、第十七條第一項第四款之建築物(地下層、無開口樓層及第11層以上之樓層除外)中，供第十二條第二款至第四款所列場所使用，與其他部分間以具1小時以上防火時效之牆壁、樓地板區劃分隔，並符合下列規定者：

(一) 區劃分隔部分，樓地板面積在**200**平方公尺以下。

(二) 內部裝修符合建築技術規則建築設計施工編第八十八條規定。

(三) 開口部設具**1**小時以上防火時效之防火門窗等防火設備，且開口部與走廊、樓梯間不得使用防火鐵捲門。但開口面積在**4**

平方公尺以下，且該區劃分隔部分能二方向避難者，得使用具**半**小時以上防火時效之防火門窗等防火設備。

十五、其他經中央主管機關指定之場所。

第50條
★☆☆
▢check

撒水頭之放水量，每分鐘應在**80**公升(設於高架倉庫者，應為114公升)以上，且放水壓力應在每平方公分**1**公斤以上或**0.1**Mpa以上。但小區劃型撒水頭之放水量，每分鐘應在**50**公升以上。

放水型撒水頭之放水量，應達防護區域每平方公尺每分鐘**5**公升以上。但儲存可燃物場所，應達每平方公尺每分鐘**10**公升以上。

第51條

▢check

自動撒水設備應裝置適當之流水檢知裝置，並符合下列規定：

一、各樓層之樓地板面積在**3000**平方公尺以下者，裝設1套，超過3000平方公尺者，裝設2套。但上下2層，各層撒水頭數量在**10**個以下，且設有火警自動警報設備者，得2層共用。

二、無隔間之樓層內，前款3000平方公尺得增為10000平方公尺。

三、撒水頭或一齊開放閥開啟放水時，即發出警報。

四、附設制水閥，其高度距離樓地板面在1.5公尺以下0.8公尺以上，並於制水閥附近明顯易見處，設置標明制水閥字樣之標識。

第52條

開放式自動撒水設備之自動及手動啟動裝置，依下列規定設置。但受信總機設在平時有人處，且火災時，能立即操作啟動裝置者，得免設自動啟動裝置：

一、自動啟動裝置，應符合下列規定：

(一) 感知撒水頭或探測器動作後，能啟動一齊開放閥及加壓送水裝置。

(二) 感知撒水頭使用標示溫度在79度以下者，且每20平方公尺設置1個；探測器使用定溫式一種或二種，並依第一百二十條規定設置，每一放水區域至少1個。

(三) 感知撒水頭設在裝置面距樓地板面高度5公尺以下，且能有效探測火災處。

二、手動啟動裝置，應符合下列規定：

(一) 每一放水區域設置一個手動啟動開關，其高度距樓地板面在0.8公尺以上1.5公尺以下，並標明手動啟動開關字樣。

(二) 手動啟動開關動作後，能啟動一齊開放閥及加壓送水裝置。

第53條 ☆☆☆ ▢check

開放式自動撒水設備之一齊開放閥應依下列規定設置：

一、每一放水區域設置1個。

二、一齊開放閥二次側配管裝設試驗用裝置，在該放水區域不放水情形下，能測試一齊開放閥之動作。

三、一齊開放閥所承受之壓力，在其最高使用壓力以下。

第54條
★☆☆
▢check

開放式自動撒水設備之放水區域，依下列規定：

一、每一舞臺之放水區域在**4**個以下。

二、放水區域在2個以上時，每一放水區域樓地板面積在**100**平方公尺以上，且鄰接之放水區域相互重疊，使有效滅火。

第55條
☆☆☆
▢check

密閉乾式或預動式自動撒水設備，依下列規定設置：

一、密閉乾式或預動式流水檢知裝置二次側之加壓空氣，其空氣壓縮機為**專用**，並能在**30**分鐘內，加壓達流水檢知裝置二次側配管之設定壓力值。

二、流水檢知裝置二次側之減壓警報設於平時有人處。

三、撒水頭動作後，流水檢知裝置應在**1**分鐘內，使撒水頭放水。

四、撒水頭使用向上型。但配管能採取有效措施者，不在此限。

第56條

check

使用密閉式撒水頭之自動撒水設備末端之查驗閥，依下列規定配置：

一、管徑在**25**毫米以上。

二、查驗閥依各流水檢知裝置配管系統配置，並接裝在建築物各層放水壓力最低之最遠支管末端。

三、查驗閥之一次側設壓力表，二次側設有與撒水頭同等放水性能之限流孔。

四、距離地板面之高度在**2.1**公尺以下，並附有排水管裝置，並標明末端查驗閥字樣。

第57條

NEW

check

自動撒水設備之水源容量，依下列規定設置：

一、使用密閉式一般反應型、快速反應型撒水頭時，應符合下表規定數量繼續放水**20**分鐘之水量。但各類場所實設撒水頭數量，較應設水源容量之撒水頭數量少時，其水源容量得依實際撒水頭數量計算之。

<table>
<tr><th colspan="2" rowspan="2">各類場所</th><th colspan="2">撒水頭個數</th></tr>
<tr><th>快速反應型</th><th>一般反應型</th></tr>
<tr><td colspan="2">11樓以上建築物、地下建築物</td><td>12</td><td>15</td></tr>
<tr><td rowspan="3">10樓以下建築物</td><td>供第十二條第一款第四目使用及複合用途建築物中供第十二條第一款第四目使用者</td><td>12</td><td>15</td></tr>
<tr><td>地下層</td><td>12</td><td>15</td></tr>
<tr><td>其他</td><td>8</td><td>10</td></tr>
<tr><td colspan="2">汽車修理廠、室內停車空間及昇降機械式停車場</td><td colspan="2">15</td></tr>
<tr><td rowspan="2">高架儲存倉庫</td><td>儲存棉花、塑膠、木製品、紡織品等易燃物品</td><td>24</td><td>30</td></tr>
<tr><td>儲存其他物品</td><td>16</td><td>20</td></tr>
</table>

二、使用開放式撒水頭時，應符合下列規定：

(一) 供第十二條第一款第一目使用場所及第二目集會堂之舞臺，在10層以下建築物之樓層時，應在最大放水區域全部撒水頭，繼續放水**20**分鐘之水量以上。

(二) 供第十二條第一款第一目使用場所及第二目集會堂之舞臺，在11層以上建築物之樓層，應在最大樓層全部撒水頭，繼續放水20分鐘之水量以上。

三、使用側壁型或小區劃型撒水頭時，10層以下樓層在8個撒水頭、11層以上樓層在12個撒水頭繼續放水20分鐘之水量以上。

四、使用放水型撒水頭時，採固定式者應在最大放水區域全部撒水頭、採可動式者應在最大放水量撒水頭，繼續放射20分鐘之水量以上。

前項撒水頭數量之規定，在使用乾式或預動式流水檢知裝置時，應追加**50%**。

免設撒水頭處所，除第四十九條第七款及第十二款外，得設置補助撒水栓，並應符合下列規定：

一、各層任一點至水帶接頭之水平距離在15公尺以下。但設有自動撒水設備撒水頭之部分，不在此限。

二、設有補助撒水栓之任一層，以同時使用該層所有補助撒水栓時，各瞄子放水壓力在每平方公分2.5公斤以上或0.25MPa以上，放水量在每分鐘60公升以上。但全部補助撒水栓數量超過2支時(鄰接補助撒水栓水帶接頭之水平距離超過30公尺時，為1個)，以同時使用2支計算之。

三、補助撒水栓箱表面標示補助撒水栓字樣，箱體上方設置紅色啟動表示燈。

四、瞄子具有容易開關之裝置。

五、開關閥設在距地板面1.5公尺以下。

六、水帶能便於操作延伸。

七、配管從各層流水檢知裝置二次側配置。

第58條

依前條設置之水源應連結加壓送水裝置，並依下列各款擇一設置：

一、重力水箱，應符合下列規定：

(一) 有水位計、排水管、溢水用排水管、補給水管及人孔之裝置。

(二) 水箱必要落差在下列計算值以上：必要落差＝配管摩擦損失水頭＋10(計算單位：公尺)H = h1+10m

二、壓力水箱，應符合下列規定：

(一) 有壓力表、水位計、排水管、補給水管、給氣管、空氣壓縮機及人孔之裝置。

(二) 水箱內空氣占水箱容積之1/3以上，壓力在使用建築物最高處之撒水頭維持規定放水水壓所需壓力以上。當水箱內壓力及液面減低時，能自動補充加壓。空氣壓縮機及加壓幫浦與緊急電源相連接。

(三) 水箱必要壓力在下列計算值以上：必要壓力＝配管摩擦損失水頭＋落差＋1(計算單位：公斤／平方公分)P = P1+P2+1 kgf/cm^2

三、消防幫浦，應符合下列規定：

(一) 幫浦出水量，依前條規定核算之撒水頭數量，乘以每分鐘90公升(設於高架儲存倉庫者，為130公升)。但使用小區劃型撒水頭者，應乘以每分鐘60公升。另放水型撒水頭依中央消防機關認可者計算之。

(二) 幫浦全揚程在下列計算值以上：幫浦全揚程＝配管摩擦損失水頭＋落差＋10(計算單位：公尺)**H = h1+h2+10m**

(三) 應為專用。但與其他滅火設備並用，無妨礙各設備之性能時，不在此限。

(四) 連接緊急電源。

前項加壓送水裝置除應準用第三十七條第二項第一款、第二款及第五款規定外，撒水頭放水壓力應在每平方公分10公斤以下或1MPa以下。

第59條
★☆☆
○check

裝置自動撒水之建築物，應於地面層室外臨建築線，消防車容易接近處，設置口徑**63**毫米之送水口，並符合下列規定：

一、應為專用。
二、裝置自動撒水設備之樓層，樓地板面積在**3000**平方公尺以下，至少設置雙口形送水口一個，並裝接陰式快速接頭，每超過3000平方公尺，增設一個。但應設數量超過三個時，以**3**個計。
三、設在無送水障礙處，且其高度距基地地面在**1**公尺以下**0.5**公尺以上。
四、與立管管系連通，其管徑在立管管徑以上，並在其附近便於檢修確認處，裝置逆止閥及止水閥。
五、送水口附近明顯易見處，標明自動撒水送水口字樣及送水壓力範圍。

第60條
☆☆☆
○check

自動撒水設備之緊急電源，依第三十八條規定設置。

第四節　水霧滅火設備

第61條
★☆☆
▢check

水霧噴頭，依下列規定配置：

一、防護對象之總面積在各水霧噴頭放水之有效防護範圍內。

二、每一水霧噴頭之有效半徑在**2.1**公尺以下。

三、水霧噴頭之配置數量，依其裝設之放水角度、放水量及防護區域面積核算，其每平方公尺放水量，供第十八條附表第三項、第四項所列場所使用，在每分鐘**20**公升以上；供同條附表其他場所使用，在每分鐘**10**公升以上。

第62條
☆☆☆
▢check

水霧滅火設備之緊急電源、配管、配件、屋頂水箱、竣工時之加壓送水試驗、流水檢知裝置、啟動裝置及一齊開放閥準用第三十八條、第四十四條、第四十五條、第五十一條至第五十三條規定設置。

第63條

★☆☆

▢check

放射區域，指一只一齊開放閥啟動放射之區域，每一區域以<u>**50**</u>平方公尺為原則。

前項放射區域有二區域以上者，其主管管徑應在<u>**100**</u>毫米以上。

第64條

▢check

水霧滅火設備之水源容量，應保持<u>**20**</u>立方公尺以上。但放射區域在二區域以上者，應保持40立方公尺以上。

第65條

▢check

依前條設置之水源，應連結加壓送水裝置。

加壓送水裝置使用消防幫浦時，其出水量及出水壓力，依下列規定，並連接緊急電源：

一、出水量：每分鐘<u>**1200**</u>公升以上，其放射區域2個以上時為每分鐘<u>**2000**</u>公升以上。

二、出水壓力：核算管系最末端一個放射區域全部水霧噴頭放水壓力均能達每平方公分<u>**2.7**</u>公斤以上或<u>**0.27**</u>MPa以上。但用於防護電氣設備者，應達每平方公分<u>**3.5**</u>公斤以上或<u>**0.35**</u>MPa以上。

第66條 ☆☆☆ ▢check

水霧噴頭及配管與高壓電器設備應保持之距離，依下表規定：

離開距離(mm)		電壓(KV)
最低	標準	
150	250	7 以下
200	300	10 以下
300	400	20 以下
400	500	30 以下
700	1000	60 以下
800	1100	70 以下
1100	1500	100 以下
1500	1900	140 以下
2100	2600	200 以下
2600	3300	345 以下

第67條 ☆☆☆ ▢check

水霧送水口，依第五十九條第一款至第四款規定設置，並標明水霧送水口字樣及送水壓力範圍。

第68條 ★☆☆ ▢check

裝置水霧滅火設備之室內停車空間，其排水設備應符合下列規定：

一、車輛停駐場所地面作**2%**以上之坡度。

二、車輛停駐場所，除面臨車道部分外，應設高**10**公分以上之地區境界堤，或深**10**公分寬**10**公分以上之地區境界溝，並與排水溝連通。

三、滅火坑具備油水分離裝置，並設於火災不易殃及之處所。

四、車道之中央或二側設置排水溝，排水溝設置集水管，並與滅火坑相連接。

五、排水溝及集水管之大小及坡度，應具備能將加壓送水裝置之最大能力水量有效排出。

第五節　泡沫滅火設備

第69條
☆☆☆
▢check

泡沫滅火設備之放射方式，依實際狀況需要，就下列各款擇一設置：

一、固定式：視防護對象之形狀、構造、數量及性質配置泡沫放出口，其設置數量、位置及放射量，應能有效滅火。

二、移動式：水帶接頭至防護對象任一點之水平距離在**15**公尺以下。

第70條

▢check

固定式泡沫滅火設備之泡沫放出口，依泡沫膨脹比，就下表選擇設置之：

膨脹比種類	泡沫放出口種類
膨脹比20以下(低發泡)	泡沫噴頭或泡水噴頭
膨脹比80以上1000以下(高發泡)	高發泡放出口

前項膨脹比，指泡沫發泡體積與發泡所需泡沫水溶液體積之比值。

第71條
☆☆☆
▢check

泡沫頭，依下列規定配置：

一、飛機庫等場所，使用泡水噴頭，並樓地板面積每8平方公尺設置一個，使防護對象在其有效防護範圍內。

二、室內停車空間或汽車修理廠等場所，使用泡沫噴頭，並樓地板面積每9平方公尺設置1個，使防護對象在其有效防護範圍內。

三、放射區域內任一點至泡沫噴頭之水平距離在2.1公尺以下。

四、泡沫噴頭側面有樑時，其裝置依第四十七條第一項第八款規定。

五、室內停車空間有複層式停車設施者，其最上層上方之裝置面設泡沫噴頭，並延伸配管至車輛間，使能對下層停車平臺放射泡沫。但感知撒水頭之設置，得免延伸配管。

六、前款複層式停車設施之泡沫噴頭，礙於構造，無法在最上層以外之停車平臺配置時，其配管之延伸應就停車構造成一單元部分，在其四周設置泡沫噴頭，使能對四周全體放射泡沫。

第72條

★☆☆

▢check

泡沫頭之放射量，依下列規定：

一、泡水噴頭放射量在每分鐘75公升以上。

二、泡沫噴頭放射量，依下表規定：

泡沫原液種類	樓地板面積每平方公尺之放射量(公升＼分鐘)
蛋白質泡沫液	6.5以上
合成界面活性泡沫液	8以上
水成膜泡沫液	3.7以上

第73條

☆☆☆

▢check

高發泡放出口，依下列規定配置：

一、全區放射時，應符合下列規定，且其防護區域開口部能在泡沫水溶液放射前自動關閉。但能有效補充開口部洩漏者，得免設自動關閉裝置。

（一）高發泡放出口之泡沫水溶液放射量依下表核算：

防護對象	膨脹比種類	每分鐘每立方公尺冠泡體積之泡沫水溶液放射量（公升）
飛機庫	80以上250未滿（以下簡稱第1種）	2
	250以上500未滿（以下簡稱第2種）	0.5
	500以上1111未滿（以下簡稱第3種）	0.29
室內停車空間或汽車修護廠	第一種	1.11
	第二種	0.28
	第三種	0.16
第十八條表第八項之場所	第一種	1.25
	第二種	0.31
	第三種	0.18

（二）前目之冠泡體積，指防護區域自樓地板面至高出防護對象最高點**0.5**公尺所圍體積。

（三）高發泡放出口在防護區域內，樓地板面積每**200**平方公尺至少設置1個，且能有效放射至該區域，並附設泡沫放出停止裝置。

(四) 高發泡放出口位置高於防護對象物最高點。

(五) 防護對象位置距離樓地板面高度，超過**5**公尺，且使用高發泡放出口時，應為全區放射方式。

二、局部放射時，應符合下列規定：

(一) 防護對象物相互鄰接，且鄰接處有延燒之虞時，防護對象與該有延燒之虞範圍內之對象，視為單一防護對象，設置高發泡放出口。但該鄰接處以具有**1**小時以上防火時效之牆壁區劃或相距**3**公尺以上者，得免視為單一防護對象。

(二) 高發泡放出口之泡沫水溶液放射量，防護面積每1平方公尺在每分鐘**2**公升以上。

(三) 前目之防護面積，指防護對象外周線以高出防護對象物高度**3**倍數值所包圍之面積。但高出防護對象物高度**3**倍數值，小於1公尺時，以1公尺計。

第74條
☆☆☆
▢check

泡沫滅火設備之緊急電源、配管、配件、屋頂水箱、竣工時之加壓試驗、流水檢知裝置、啟動裝置及一齊開放閥準用第三十八條、第四十四條、第四十五條、第五十一條至第五十三條規定設置。

第75條
★★☆
▢check

泡沫滅火設備之放射區域，依下列規定：

一、使用泡沫噴頭時，每一放射區域在樓地板面積**50**平方公尺以上**100**平方公尺以下。

二、使用泡水噴頭時，放射區域占其樓地板面積**1/3**以上，且至少**200**平方公尺。但樓地板面積未達200平方公尺者，放射區域依其實際樓地板面積計。

第76條

☆☆☆

▢check

泡沫滅火設備之水源，依下列規定：

一、使用泡沫頭時，依第七十二條核算之最低放射量在最大1個泡沫放射區域，能繼續放射**20**分鐘以上。

二、使用高發泡放出口時，應符合下列規定：

(一) 全區放射時，以最大樓地板面積之防護區域，除依下表核算外，防護區域開口部未設閉鎖裝置者，加算開口洩漏泡沫水溶液量。

膨脹比種類	冠泡體積每一立方公尺之泡沫水溶液量(立方公尺)
第一種	0.04
第二種	0.013
第三種	0.008

(二) 局部放射時，依第七十三條核算之泡沫水溶液放射量，在樓地板面積最大區域，能繼續放射**20**分鐘以上。

三、移動式泡沫滅火設備之水源容量，在二具泡沫瞄子同時放水**15**分鐘之水量以上。

前項各款計算之水溶液量，應加算充滿配管所需之泡沫水溶液量，且應加算總泡沫水溶液量之**20%**。

第77條
★☆☆
▢check

依前條設置之水源，應連結加壓送水裝置。

前條第一項第一款及第二款之加壓送水裝置使用消防幫浦時，其出水量及出水壓力，依下列規定：

一、出水量：泡沫放射區域有2區域以上時，以最大一個泡沫放射區域之最低出水量加倍計算。

二、出水壓力：核算最末端一個泡沫放射區域全部泡沫噴頭放射壓力均能達每平方公分**1**公斤以上或**0.1**MPa以上。

三、連接緊急電源。

前條第一項第三款之加壓送水裝置使用消防幫浦時，其出水量及出水壓力，依下列規定：

一、出水量：同一樓層設1個泡沫消防栓箱時，應在每分鐘**130**公升以上；同一樓層設2個以上泡沫消防栓箱時，應在每分鐘260公升以上。

二、出水壓力：核算最末端一個泡沫消防栓放射壓力能達每平方公分3.5公斤以上或035MPa以上。

三、連接緊急電源。

同一棟建築物內，採用低發泡原液，分層配置固定式及移動式放射方式泡沫滅火設備時，得共用配管及消防幫浦，而幫浦之出水量、揚程與泡沫原液儲存量應採其放射方式中較大者。

第78條 ☆☆☆ ▢check

泡沫原液儲存量，依第七十六條規定核算之水量與使用之泡沫原液濃度比核算之。

第79條 ★☆☆ ▢check

泡沫原液與水混合使用之濃度，依下列規定：

一、蛋白質泡沫液3%或6%。

二、合成界面活性泡沫液1%或3%。

三、水成膜泡沫液3%或6%。

第80條 ★☆☆ ▢check

移動式泡沫滅火設備，依下列規定設置：

一、同一樓層各泡沫瞄子放射量，應在每分鐘100公升以上。但全部泡沫消防栓箱數量超過2個時，以同時使用**2**支泡沫瞄子計算之。

二、泡沫瞄子放射壓力應在每平方公分**3.5**公斤以上或**0.35**MPa以上。

三、移動式泡沫滅火設備之泡沫原液，應使用低發泡。

四、在水帶接頭**3**公尺範圍內，設置泡沫消防栓箱，箱內配置長**20**公尺以上水帶及泡沫瞄子乙具，其箱面表面積應在**0.8**平方公尺以上，且標明移動式泡沫滅火設備字樣，並在泡沫消防栓箱上方設置紅色幫浦啟動表示燈。

第81條

☆☆☆

▢check

泡沫原液儲槽，依下列規定設置：

一、設有便於確認藥劑量之液面計或計量棒。

二、平時在加壓狀態者，應附設壓力表。

三、設置於溫度攝氏**40**度以下，且無日光曝曬之處。

四、採取有效防震措施。

第六節　二氧化碳及惰性氣體滅火設備

第82條

NEW

☆☆☆

▢check

二氧化碳滅火設備之放射方式依實際狀況需要就下列各款擇一裝置：

一、全區放射方式：用不燃材料建造之牆、柱、樓地板或天花板等區劃間隔，且開口部設有自動關閉裝置之區域，其噴頭設置數量、位置與放射量應視該部分容積及防護對象之性質作有效之滅火。但能有效補充開口部洩漏量者，得免設自動關閉裝置。

二、局部放射方式：視防護對象之形狀、構造、數量及性質，配置噴頭，其設置數量、位置及放射量，應能有效滅火。

三、移動放射方式：皮管接頭至防護對象任一部分之水平距離在**15**公尺以下。

惰性氣體滅火設備依其藥劑種類，分為氮氣(以下簡稱**IG-100**)、氬氣(以下簡稱**IG-01**)、氮氣與氬氣容量比為**50：50**之混合物(以下簡稱**IG-55**)、氮氣與氬氣及二氧化碳容量比為**52：40：8**

之混合物(以下簡稱IG-541)滅火設備。

惰性氣體滅火設備之放射方式以全區放射方式為限，其裝置準用第一項第一款本文之規定。防護區域之開口部應設置自動關閉裝置，並於滅火藥劑放射前自動關閉開口。

第83條 NEW ☆☆☆ ▢check

二氧化碳滅火設備之滅火藥劑量，依下列規定設置：

一、全區放射方式所需滅火藥劑量依下表計算：

設置場所	乾式電器設備室(油浸機器除外)		電信機械室、總機室	其他			
	未滿50立方公尺	50立方公尺以上		未滿50立方公尺	50立方公尺以上未滿150立方公尺	150立方公尺以上未滿1500立方公尺	1500立方公尺以上
每立方公尺防護區域所需滅火藥劑量(kg/m³)	1.6	1.33	1.2	1.0	0.9	0.8	0.75
每平方公尺開口部所需追加滅火藥劑量(kg/m²)	20	20	10	5	5	5	5

設置場所	乾式電器設備室(油浸機器除外)		電信機械室、總機室	其他			
	未滿50立方公尺	50立方公尺以上		未滿50立方公尺	50立方公尺以上未滿150立方公尺	150立方公尺以上未滿1500立方公尺	1500立方公尺以上
滅火藥劑之基本需要量(kg)					50	135	1200

二、局部放射方式所需滅火藥劑量應符合下列規定：

(一) 可燃性固體或易燃性液體存放於上方開放式容器，火災發生時，燃燒限於一面且可燃物無向外飛散之虞者，所需之滅火藥劑量，依該防護對象表面積每一平方公尺以**13**公斤比例核算，其表面積之核算，在防護對象邊長小於0.6公尺時，以**0.6**公尺計。但追加倍數，高壓式為**1.4**，低壓式為**1.1**。

（二）前目以外防護對象依下列公式計算假想防護空間(指距防護對象任一點0.6公尺範圍空間)單位體積滅火藥劑量，再乘以假想防護空間體積來計算所需滅火藥劑量：Q = 8-6×a/AQ：假想防護空間單位體積滅火藥劑量(公斤／立方公尺)，所需追加倍數比照前目規定。

a：防護對象周圍實存牆壁面積之合計(平方公尺)。

A：假想防護空間牆壁面積之合計(平方公尺)。

三、移動放射方式每一具噴射瞄子所需滅火藥劑量在90公斤以上。

四、全區及局部放射方式在同一建築物內有2個以上防護區域或防護對象時，所需滅火藥劑量應取其最大量者。

第83-1條 NEW ★☆☆ ▢check

惰性氣體滅火設備之藥劑理論滅火濃度應經測試決定，在固定之防護空間達到設計濃度，並維持一定時間。

惰性氣體滅火設備之藥劑設計濃度，應符合下列規定：

一、設計濃度：

(一) 理論滅火濃度乘以**1.2**倍安全係數以上。

(二) 常時有人之場所，藥劑最高設計濃度以**52%**為限。

二、防護對象為含易燃液體之場所時，設計濃度應以理論滅火濃度乘以**1.3**倍安全係數以上。

三、防護對象為含通電中之電氣設備之場所時，設計濃度應以理論滅火濃度乘以**1.35**倍安全係數以上。但持續通電大於**480伏特**之電氣設備之場所，其設計濃度依中央主管機關認可之值核算。

第83-2條 NEW ☆☆☆ ▢check

惰性氣體滅火設備之滅火藥劑量，依下列規定設置：

一、所需滅火藥劑量依下列公式及經中央主管機關認可之值計算：

$$W=\frac{V}{S}\ln\left(\frac{100}{100-C}\right)$$

W：防護空間所需藥劑量(kg)

V：防護空間淨體積(m^3，得扣除不滲透且不可移動固體體積)

S：防護空間之最低溫度($t^{\circ}C$)、一大氣壓下之比容積(m^3/kg)

滅火藥劑種類	比容積公式
IG-100	s=0.7997+0.00293t
IG-01	s=0.5685+0.00208t
IG-55	s=0.6598+0.00242t
IG-541	s=0.65799+0.00239t

C：設計濃度百分比(%，體積百分比)

二、在同一建築物內有2個以上防護區域時，所需滅火藥劑量取其最大量者。

第84條

NEW

★★☆

▢check

二氧化碳滅火設備全區放射方式及惰性氣體滅火設備之噴頭，依下列規定設置：

一、噴頭能使放射藥劑迅速且均勻擴散至整個防護區域。

二、噴頭之放射壓力，應符合下列規定：

(一) 二氧化碳滅火設備噴頭之放射壓力，其滅火藥劑以常溫儲存者之高壓式為每平方公分**14**公斤以上或**1.4**MPa以上；其滅火藥劑儲存於溫度攝氏**-18**度以下者之低壓式為每平方公分**9**公斤以上或**0.9**MPa以上。

(二) 惰性氣體滅火設備噴頭放射壓力，為每平方公分**19**公斤以上或**1.9**MPa以上。

但經中央主管機關認可者，不在此限。

(三) 噴頭數量及型式，依流量計算配置。

三、滅火藥劑之放射時間，依下列規定設置：

（一）二氧化碳滅火設備依第八十三條第一款所核算之滅火藥劑量，依下表所列場所，於規定時間內全部放射完畢，乾式電器設備室並應於2分鐘內放射30%以上。

設置場所	乾式電器設備室（油浸機器除外）	電信機械室、總機室	其他
時間（分）	7	3.5	1

（二）惰性氣體滅火設備依前條第一款所核算之滅火藥劑量，除含易燃液體之場所，應於1分鐘內放射90%以上外，應於2分鐘內放射90%以上。

二氧化碳滅火設備局部放射方式之噴頭，依下列規定設置：

一、噴頭之放射壓力，應符合前項第二款第一目規定。

二、噴頭之有效射程內，應涵蓋防護對象所有表面，且所設位置不得因藥劑之放射使可燃物有飛散之虞。

三、依第八十三條第二款所核算之滅火藥劑量應於30秒內全部放射完畢。

第85條

☆☆☆

▢check

全區或局部放射方式防護區域內之通風換氣裝置，應在滅火藥劑放射前停止運轉。

第86條

★☆☆

▢check

二氧化碳滅火設備全區放射方式防護區域之開口部，依下列規定設置：

一、不得設於面對安全梯間、特別安全梯間、緊急昇降機間或其他類似場所。

二、開口部位於距樓地板面高度2/3以下部分，應在滅火藥劑放射前自動關閉。

三、不設自動關閉裝置之開口部總面積，供電信機械室使用時，應在圍壁面積1%以下，其他處所則應在防護區域體積值或圍壁面積值二者中之較小數值10%以下。

前項第三款所稱圍壁面積，指防護區域內牆壁、樓地板及天花板等面積之合計。

第87條

NEW

★☆☆

▢check

二氧化碳及惰性氣體滅火設備之滅火藥劑儲存容器，依下列規定設置：

一、儲存容器之充填依下列規定：

(一) 二氧化碳滅火設備之充填比在高壓式為**1.5**以上**1.9**以下；低壓式為**1.1**以上**1.4**以下。

(二) 惰性氣體滅火設備之充填壓力，在溫度攝氏十五度時應在每平方公分**300**公斤以下或**30**MPa以下。

二、儲存容器設置之場所應符合下列規定：

(一) 置於防護區域外。

(二) 置於溫度攝氏**40**度以下，溫度變化較少處。

(三) 不得置於有日光曝曬或雨水淋濕之處。

三、儲存容器之安全裝置符合CNS 11176之規定，或經中央主管機關認可具同等性能以上者。

四、高壓式二氧化碳滅火設備及惰性氣體滅火設備儲存容器之容器閥符合CNS 10848及10849之規定，或經中央主管機關認可具同等性能以上者。

五、低壓式二氧化碳滅火設備儲存容器，應設有液面計、壓力表及壓力警報裝置，壓力在每平方公分23公斤以上或2.3MPa以上或每平方公分19公斤以下或1.9MPa以下時發出警報。

六、低壓式二氧化碳滅火設備儲存容器應設置使容器內部溫度維持於攝氏-20度以上，攝氏-18度以下之自動冷凍機。

七、儲存容器之容器閥開放裝置，依下列規定：

(一) 容器閥之開放裝置，具有以手動方式可開啟之構造。

(二) 容器閥使用電磁閥直接開啟時，同時開啟之儲存容器數在7支以上者，該儲存容器應設2個以上之電磁閥。

八、採取有效防震措施。

九、儲存容器應在明顯位置標示充填滅火藥劑之種類、滅火藥劑量、製造年份及製造商名稱。

前項第一款第一目所稱充填比，指容器內容積(公升)與液化氣體重量(公斤)之比值。

第88條

NEW

☆☆☆

▢check

二氧化碳及惰性氣體滅火設備使用氣體啟動者，依下列規定設置：

一、啟動用氣體容器能耐每平方公分**250**公斤或**25**MPa之壓力。

二、啟動用氣體容器之內容積應有**1**公升以上，其所儲存之二氧化碳重量在**0.6**公斤以上，且其充填比在**1.5**以上。

三、啟動用氣體容器之安全裝置及容器閥符合CNS 11176規定，或經中央主管機關認可具同等性能以上者。

四、啟動用氣體容器不得兼供防護區域之自動關閉裝置使用。

第89條

NEW

☆☆☆

▢check

二氧化碳及惰性氣體之滅火設備配管，依下列規定設置：

一、應為專用，其管徑依流量計算書配置。

二、最低配管與最高配管間之落差依流量計算配置，並在50公尺以下。

二氧化碳滅火設備之配管除依前項規定設置外，並應符合下列規定：

一、使用符合CNS 4626規定之無縫鋼管，其中高壓式為管號SCH 80以上，低壓式為管號SCH 40以上厚度或具有同等以上強度，且施予鍍鋅等防蝕處理。

二、採用銅管配管時，應使用符合CNS 5127規定之銅及銅合金無縫管或具有同等以上強度者，其中高壓式能耐壓每平方公分165公斤以上或16.5MPa以上，低壓式能耐壓每平方公分37.5公斤以上或3.75MPa以上。

三、配管接頭及閥類之耐壓，高壓式為每平方公分165公斤以上或16.5MPa以上，低壓式為每平方公分37.5公斤以上或3.75MPa以上，並予適當之防蝕處理。

惰性氣體滅火設備之配管除依第一項規定設置外，並應符合下列規定：

一、使用符合CNS 4626規定之無縫鋼管管號SCH 80以上厚度或具有同等以上強度。但設有壓力調整裝置之二次側配管，得使用溫度攝氏40度時，具耐最高調整壓力以上之鋼管，且施予鍍鋅等防蝕處理。

二、採用銅管配管時，應使用符合CNS 5127規定之銅及銅合金無縫管或具有同等以上強度者，能耐壓每平方公分165公斤以上或16.5 MPa以上。但設有壓力調整裝置之二次側配管，得使用溫度攝氏40度時，具耐最高調整壓力以上之銅管。

三、配管接頭及閥類，應具耐內部壓力強度，並予適當之防蝕處理。

第90條

NEW

☆☆☆

▢check

二氧化碳及惰性氣體滅火設備之選擇閥，依下列規定設置：

一、同一建築物內有2個以上防護區域或防護對象，共用儲存容器時，每一防護區域或防護對象均應設置。

二、設於防護區域外。

三、標明選擇閥字樣及所屬防護區域或防護對象。

四、儲存容器與噴頭設有選擇閥時，儲存容器與選擇閥間之配管依CNS 11176之規定設置安全裝置或破壞板，或經中央主管機關認可具同等性能以上者。

第91條

NEW

▢check

二氧化碳及惰性氣體滅火設備之啟動裝置，依下列規定，設置手動及自動啟動裝置：

一、手動啟動裝置應符合下列規定：

(一) 設於能看清區域內部且操作後能容易退避之防護區域外。

(二) 每一防護區域或防護對象裝設一套。

(三) 其操作部設在距樓地板

面高度0.8公尺以上1.5公尺以下。

(四) 其外殼漆紅色或足以辨識之顏色。

(五) 以電力啟動者，裝置電源表示燈。

(六) 操作開關或拉桿，操作時同時發出警報音響，且設有透明材質製之有效保護裝置。

(七) 在其近旁標示所防護區域名稱、操作方法及安全上應注意事項。

二、自動啟動裝置與二回路以上之火警探測器感應連動啟動。

前項啟動裝置，依下列規定設置自動及手動切換裝置：

一、設於易於操作之處所。

二、設自動及手動之表示燈。

三、自動、手動切換必須以鑰匙或拉桿操作，始能切換。

四、切換裝置近旁標明操作方法。

第92條

☆☆☆

▢check

音響警報裝置，依下列規定設置：

一、手動或自動裝置動作後，應自動發出警報，且藥劑未全部放射前不得中斷。

二、音響警報應有效報知防護區域或防護對象內所有人員。

三、設於全區放射方式之音響警報裝置採用人語發音。但平時無人駐守者，不在此限。

第93條

★☆☆

▢check

二氧化碳滅火設備全區放射方式之安全裝置，依下列規定設置：

一、啟動裝置開關或拉桿開始動作至儲存容器之容器閥開啟，設有**20**秒以上之遲延裝置。

二、採手動啟動時，應採取在前款延遲時間內，滅火藥劑不得放射之措施。

三、於防護區域出入口等易於辨認處所設置放射表示燈。

惰性氣體滅火設備之安全裝置，依下列規定設置：

一、防護區域應依流量計算結果採取防止該區域內壓力上升之措施。

二、於防護區域出入口等易於辨認處所設置放射表示燈。

第94條
★☆☆
▢check

全區放射或局部放射方式防護區域，對放射之滅火藥劑，依下列規定將其排放至安全地方：

一、排放方式應就下列方式擇一設置，並於**1**小時內將藥劑排出：

(一) 採機械排放時，排風機為專用，且具有每小時**5**次之換氣量。但與其他設備之排氣裝置共用，無排放障礙者，得共用之。

(二) 採自然排放時，設有能開啟之開口部，其面向外氣部分(限防護區域自樓地板面起高度**2/3**以下部分)之大小，占防護區域樓地板面積**10%**以上，且容易擴散滅火藥劑。

二、排放裝置之操作開關須設於防護區域外便於操作處，且在其附近設有標示。

三、排放至室外之滅火藥劑不得有局部滯留之現象。

第95條

☆☆☆

▢check

全區及局部放射方式之緊急電源，應採用自用發電設備或蓄電池設備，其容量應能使該設備有效動作1小時以上。

第96條

★★☆

▢check

二氧化碳滅火設備移動式放射方式，除依第八十七條第一項第一款第一目、第二款第二目、第三目、第三款、第四款及第九款規定辦理外，並依下列規定設置：

一、儲存容器之容器閥能在皮管出口處以手動開關者。

二、儲存容器分設於各皮管設置處。

三、儲存容器近旁設紅色標示燈及標明移動式二氧化碳滅火設備字樣。

四、設於火災時濃煙不易籠罩之處所。

五、每一具瞄子之藥劑放射量在溫度攝氏20度時，應在每分鐘60公斤以上。

六、皮管、噴嘴及管盤符合CNS 11177之規定。

第96-1條 NEW ★☆☆ ▢check

惰性氣體滅火設備之防護區域竣工時，應做防護區域完整性測試，10分鐘內之氣體洩漏量使滅火藥劑維持在設計濃度85%以上者為合格。

第97條 NEW ☆☆☆ ▢check

二氧化碳及惰性氣體滅火設備使用之各種標示規格，由中央主管機關另定之。

第六節之一　鹵化烴滅火設備

第97-1條 NEW ★☆☆ ▢check

鹵化烴滅火設備依其藥劑種類，分為三氟甲烷(以下簡稱HFC-23)、七氟丙烷(以下簡稱HFC-227ea)、全氟(2-甲基-3-戊酮)(以下簡稱FK-5-1-12)滅火設備。

鹵化烴滅火設備之放射方式以全區放射方式為限，其防護區域、開口自動關閉及通風換氣，準用第八十二條第一項第一款本文、第三項及第八十五條規定設置。

防護區域除符合前項規定外，應依流量計算結果採取防止該區域內壓力上升之措施。但無影響防護區域完整性之虞者，不在此限。

第97-2條 NEW ★☆☆ ▢check

鹵化烴滅火設備之藥劑理論滅火濃度及設計濃度，準用第八十三條之一除第二項第一款第二目外之規定。

常時有人之場所，藥劑最高設計濃度依下表規定：

滅火藥劑種類	設計濃度
HFC-23	30%
HFC-227ea	10.5%
FK-5-1-12	10%

第97-3條 NEW ★☆☆ ▢check

鹵化烴滅火設備之滅火藥劑量，依下列規定設置：

一、所需滅火藥劑量依下列公式及中央主管機關認可之值計算：

$$W=\frac{V}{S}\left(\frac{C}{100-C}\right)$$

W：防護空間所需藥劑量(kg)

V：防護空間淨體積(m^3，得扣除不滲透且不可移動固體體積)

S：防護空間之最低溫度($t^{o}C$)、一大氣壓下之比容積(m^3/kg)

滅火藥劑種類	比容積公式
HFC-23	s=0.3164+0.0012t
HFC-227ea	s=0.1269+0.0005t
FK-5-1-12	s=0.0664+0.0002741t

C：設計濃度百分比(%，體積百分比)

二、在同一建築物內有二個以上防護區域時，所需滅火藥劑量取其最大量者。

第97-4條 NEW ☆☆☆ ▢check

鹵化烴滅火設備之噴頭，依下列規定設置：

一、噴頭能使放射藥劑迅速且均勻擴散至整個防護區域。

二、噴頭之放射壓力，HFC-23為每平方公分9公斤以上或0.9Mpa以上，HFC-227ea或FK-5-1-12為每平方公分3公斤以上或0.3MPa以上。但經中央主管機關認可者，不在此限。

三、噴頭數量及型式，依流量計算配置。

依前條所核算之滅火藥劑量，應於10秒內放射95%以上。

第97-5條 鹵化烴滅火設備之滅火藥劑儲存容器，依下列規定設置：

NEW

★☆☆

check

滅火藥劑種類	充填比
HFC-23	0.5以上1.5以下
HFC-227ea	0.5以上1.6以下
FK-5-1-12	0.5以上1.6以下

一、儲存容器之充填比，依下表規定：

二、蓄壓式儲存容器，儲存HFC-227ea、FK-5-1-12之儲存壓力，應以氮氣加壓至每平方公分**25**公斤以上或**2.5**MPa以上。

三、加壓式儲存容器，應設置可調整壓力至**2.0**MPa之壓力調整裝置。

四、儲存容器之設置場所、安全裝置、容器閥與開放裝置、防震措施及標示，準用第八十七條第一項第二款至第四款、第七款至第九款規定。

五、加壓用氣體容器，應充填氮氣，其安全裝置及容器閥，準用第八十七條第一項第三款、第四款規定。

前項第一款所稱充填比，指容器內容積(公升)與液化氣體重量(公斤)之比值。

第97-6條 NEW ☆☆☆ ▢check

鹵化烴滅火設備之配管，依下列規定設置：

一、應為專用，其管徑依流量計算書配置。

二、最低配管與最高配管間之落差依流量計算配置，並在**50**公尺以下。

三、採用鋼管配管時，HFC-23滅火設備使用符合CNS 4626規定之無縫鋼管管號SCH 80以上厚度；HFC-227ea及FK-5-1-12滅火設備使用符合CNS 4626規定之無縫鋼管管號SCH 40以上厚度或具有同等以上強度，且施予鍍鋅等防蝕處理。

四、採用銅管配管時，應使用符合CNS 5127規定之銅及銅合金無縫管或具有同等以上強度及耐腐蝕性。

五、配管接頭及閥類，應具耐內部壓力強度，並予適當之防蝕處理。

第97-7條 NEW ☆☆☆ ▢check

鹵化烴滅火設備使用氣體啟動者，準用第八十八條規定。

鹵化烴滅火設備之選擇閥、啟動裝置、音響警報裝置、安全裝置及排放裝置，準用第九十條至第九十二條、第九十三條第二項及第九十四條規定。

第97-8條 NEW ☆☆☆ ▢check

鹵化烴滅火設備之緊急電源，準用第九十五條之規定設置。

第97-9條 NEW ☆☆☆ ▢check

鹵化烴滅火設備之防護區域竣工時，應做防護區域完整性測試，**10**分鐘內之氣體洩漏量使滅火藥劑維持在設計濃度**85%**以上者為合格。

第97-10條 NEW ☆☆☆ ▢check

鹵化烴滅火設備使用之各種標示規格，由中央主管機關另定之。

第七節　乾粉滅火設備及簡易自動滅火設備

第98條
☆☆☆
▢check

乾粉滅火設備之放射方式、通風換氣裝置、防護區域之開口部、選擇閥、啟動裝置、音響警報裝置、安全裝置、緊急電源及各種標示規格，準用第八十二條、第八十五條、第八十六條、第九十條至第九十三條、第九十五條及第九十七條規定設置。

第99條
☆☆☆
▢check

乾粉滅火藥劑量，依下列規定設置：

一、全區放射方式所需滅火藥劑量，依下表計算：

乾粉藥劑種類	第一種乾粉(主成份碳酸氫鈉	第二種乾粉(主成份碳酸氫鉀	第三種乾粉(主成份磷酸二氫銨)	第四種乾粉(主成份碳酸氫鉀及尿素化合物)
每立方公尺防護區域所需滅火藥劑量 (kg/m³)	0.6	0.36	0.36	0.24
每平方公尺開口部所需追加滅火藥劑量 (kg/m²)	4.5	2.7	2.7	1.8

二、局部放射方式所需滅火藥劑量應符合下列規定：

（一）可燃性固體或易燃性液體存放於上方開放式容器，火災發生時，燃燒限於一面且可燃物無向外飛散之虞者，所需之滅火藥劑量，依下表計算：

滅火藥劑種類	第一種乾粉	第二種乾粉或第三種乾粉	第四種乾粉
防護對象每平方公尺表面積所需滅火藥劑量(kg/m^2)	8.8	5.2	3.6
追加倍數	1.1	1.1	1.1
備考	防護對象物之邊長在0.6公尺以下時，以0.6公尺計		

（二）前目以外設置場所，依下列公式計算假想防護空間單位體積滅火藥劑量，再乘假想防護空間體積來計算所需滅火藥劑量。但供電信機器室使用者，所核算出之滅火藥劑量，須乘以**0.7**。

Q = X-Y×a/AQ：假想防護空間單位體積滅火藥劑量(公斤／立方公尺)所需追加倍數比照

前目規定。a：防護對象周圍實存牆壁面積之合計(平方公尺)。A：假想防護空間牆壁面積之合計(平方公尺)。X及Y值，依下表規定為準：

滅火藥劑種類	第一種乾粉	第二種乾粉或第三種乾粉	第四種乾粉
X值	5.2	3.2	2.0
Y值	3.9	2.4	1.5

三、移動放射方式每一具噴射瞄子所需滅火藥劑量在下表之規定以上：

滅火藥劑種類	第一種乾粉	第二種乾粉或第三種乾粉	第四種乾粉
滅火藥劑量(kg)	50	30	20

四、全區及局部放射方式在同一建築物內有2個以上防護區域或防護對象時，所需滅火藥劑量取其最大量者。

第100條 ☆☆☆ ▢check

全區及局部放射方式之噴頭，依下列規定設置：

一、全區放射方式所設之噴頭能使放射藥劑迅速均勻地擴散至整個防護區域。

二、乾粉噴頭之放射壓力在每平方公分1公斤以上或0.1MPa以上。

三、依前條第一款或第二款所核算之滅火藥劑量須於30秒內全部放射完畢。

四、局部放射方式所設噴頭之有效射程內，應涵蓋防護對象所有表面，且所設位置不得因藥劑之放射使可燃物有飛散之虞。

第101條 ☆☆☆ ▢check

供室內停車空間使用之滅火藥劑，以第三種乾粉為限。

第102條 ★☆☆ ▢check

滅火藥劑儲存容器，依下列規定設置：

一、充填比應符合下列規定：

滅火藥劑種類	第一種乾粉	第二種乾粉或第三種乾粉	第四種乾粉
充填比	0.85以上、1.45以下	1.05以上、1.75以下	1.5以上、2.5以下

二、儲存場所應符合下列規定：

(一) 置於防護區域外。

(二) 置於溫度攝氏40度以下，溫度變化較少處。

(三) 不得置於有日光曝曬或雨水淋濕之處。

三、儲存容器於明顯處所標示：充填藥劑量、滅火藥劑種類、最高使用壓力(限於加壓式)、製造年限及製造廠商等。

四、儲存容器設置符合CNS 11176規定之安全裝置。

五、蓄壓式儲存容器，內壓在每平方公分10公斤以上或1MPa以上者，設符合CNS 10848及10849規定之容器閥。

六、為排除儲存容器之殘留氣體應設置排出裝置，為處理配管之殘留藥劑則應設置清洗裝置。

七、採取有效之防震措施。

第103條 ☆☆☆ ▢check

加壓用氣體容器應設於儲存容器近旁，且須確實接連，並應設置符合CNS 11176規定之容器閥及安全裝置。

第104條 ★☆☆ ▢check

加壓或蓄壓用氣體容器，依下列規定設置：

一、加壓或蓄壓用氣體應使用氮氣或二氧化碳。

二、加壓用氣體使用氮氣時，在溫度攝氏35度，大氣壓力(表壓力)每平方公分0公斤或0MPa狀態下，每1公斤乾粉藥劑需氮氣40公升以上；使用二氧化碳時，每1公斤乾粉藥劑需二氧化碳20公克並加算清洗配管所需要量以上。

三、蓄壓用氣體使用氮氣時，在溫度攝氏35度，大氣壓力(表壓力)每平方公分0公斤或0MPa狀態下，每1公斤乾粉藥劑需氮氣10公升並加算清洗配管所需要量以上；使用二氧化碳時，每1公斤乾粉藥劑需二氧化碳20公克並加算清洗配管所需要量以上。

四、清洗配管用氣體，另以容器儲存。

五、採取有效之防震措施。

第105條 ★☆☆ ▢check

乾粉滅火設備配管及閥類，依下列規定設置：

一、配管部分：

(一) 應為專用，其管徑依噴頭流量計算配置。

(二) 使用符合CNS 6445規定，並施予鍍鋅等防蝕處理或具同等以上強度及耐蝕性之鋼管。但蓄壓式中，壓力在每平方公分**25**公斤以上或**2.5**MPa以上，每平方公分**42**公斤以下或**4.2**MPa以下時，應使用符合CNS 4626之無縫鋼管管號SCH40以上厚度並施予防蝕處理，或具有同等以上強度及耐蝕性之鋼管。

(三) 採用銅管配管時，應使用符合CNS 5127規定或具有同等以上強度及耐蝕性者，並能承受調整壓力或最高使用壓力的**1.5**倍以上之壓力。

(四) 最低配管與最高配管間，落差在**50**公尺以下。
(五) 配管採均分為原則，使噴頭同時放射時，放射壓力為均等。
(六) 採取有效之防震措施。

二、閥類部分：
(一) 使用符合CNS 之規定且施予防蝕處理或具有同等以上強度、耐蝕性及耐熱性者。
(二) 標示開閉位置及方向。
(三) 放出閥及加壓用氣體容器閥之手動操作部分設於火災時易於接近且安全之處。

第106條 ★☆☆ ○check

乾粉滅火設備自儲存容器起，其配管任一部分與彎曲部分之距離應為管徑**20**倍以上。但能採取乾粉藥劑與加壓或蓄壓用氣體不會分離措施者，不在此限。

第107條 ☆☆☆ ○check

加壓式乾粉滅火設備應設壓力調整裝置，可調整壓力至每平方公分**25**公斤以下或**2.5**Mpa 以下。

第108條 ☆☆☆ ▢check

加壓式乾粉滅火設備，依下列規定設置定壓動作裝置：

一、啟動裝置動作後，儲存容器壓力達設定壓力時，應使放出閥開啟。

二、定壓動作裝置設於各儲存容器。

第109條 ☆☆☆ ▢check

蓄壓式乾粉滅火設備應設置以綠色表示使用壓力範圍之指示壓力表。

第110條 ★☆☆ ▢check

若使用氣體啟動者，依下列規定設置：

一、啟動用氣體容器能耐每平方公分**250**公斤或**25**MPa之壓力。

二、啟動用氣體容器之內容積有**0.27**公升以上，其所儲存之氣體量在**145**公克以上，且其充填比在**1.5**以上。

三、啟動用氣體容器之安全裝置及容器閥符合CNS 11176之規定。

四、啟動用氣體容器不得兼供防護區域之自動關閉裝置使用。

第111條 ☆☆☆ ▢check

移動式放射方式，除依第一百零二條第一款、第二款第二目、第三目、第三款、第四款規定辦理外，並依下列規定設置：

一、儲存容器之容器閥能在皮管出口處以手動開關者。

二、儲存容器分設於各皮管設置處。

三、儲存容器近旁設紅色標示燈及標明移動式乾粉滅火設備字樣。

四、設於火災時濃煙不易籠罩之場所。

五、每一具噴射瞄子之每分鐘藥劑放射量符合下表規定。

滅火藥劑種類	第一種乾粉	第二種乾粉或第三種乾粉	第四種乾粉
每分鐘放射量 (kg/min)	45	27	18

六、移動式乾粉滅火設備之皮管、噴嘴及管盤符合CNS 11177之規定。

第111-1條 ☆☆☆ ▢check

簡易自動滅火設備，應依下列規定設置：

一、視排油煙管之斷面積、警戒長度及風速，配置感知元件及噴頭，其設置數量、位置及放射量，應能有效滅火。

二、排油煙管內風速超過每秒**5**公尺，應在警戒長度外側設置放出藥劑之啟動裝置及連動閉鎖閘門。但不設置閘門能有效滅火時，不在此限。

三、噴頭之有效射程內，應涵蓋煙罩及排油煙管，且所設位置不得因藥劑之放射使可燃物有飛散之虞。

四、防護範圍內之噴頭，應一齊放射。

五、儲存鋼瓶及加壓氣體鋼瓶設置於攝氏**40**度以下之位置。

前項第二款之警戒長度，指煙罩與排油煙管接合處往內**5**公尺。

第二章 警報設備

第一節 火警自動警報設備

第112條 ★★☆ ▢check

裝設火警自動警報設備之建築物，依下列規定劃定火警分區：

一、每一火警分區不得超過一樓層，並在樓地板面積600平方公尺以下。但上下二層樓地板面積之和在500平方公尺以下者，得2層共用一分區。

二、每一分區之任一邊長在50公尺以下。但裝設光電式分離型探測器時，其邊長得在100公尺以下。

三、如由主要出入口或直通樓梯出入口能直接觀察該樓層任一角落時，第一款規定之600平方公尺得增為1000平方公尺。

四、樓梯、斜坡通道、昇降機之昇降路及管道間等場所，在水平距離50公尺範圍內，且其頂層相差在2層以下時，得為一火警分區。但應與建築物各層之走廊、通道及居室等場所分別設置火警分區。

五、樓梯或斜坡通道，垂直距離每**45**公尺以下為一火警分區。但其地下層部分應為另一火警分區。

第113條
★★★
▢check

火警自動警報設備之鳴動方式，建築物在**5樓**以上，且總樓地板面積在**3000**平方公尺以上者，依下列規定：

一、起火層為地上2層以上時，限該樓層與其直上2層及其直下層鳴動。

二、起火層為地面層時，限該樓層與其直上層及地下層各層鳴動。

三、起火層為地下層時，限地面層及地下層各層鳴動 。

四、前三款之鳴動於**10**分鐘內或受信總機再接受火災信號時，應立即全區鳴動。

第114條
★★★
▢check

探測器應依裝置場所高度，就下表選擇探測器種類裝設。但同一室內之天花板或屋頂板高度不同時，以平均高度計。

裝置場所高度	未滿4公尺	4公尺以上未滿8公尺	8公尺以上未滿15公尺	15公尺以上未滿20公尺
探測器種類	差動式局限型、差動式分布型、補償式局限型、定溫式、離子式局限型、光電式局限型、光電式分離型、火焰式	差動式局限型、差動式分布型、補償式局限型、定溫式特種或1種、離子式局限型一種或2種、光電式局限型1種 或2種、光電式分離型、火焰式。	差動式分怖型、離子式局限型1種或2種、光電式局限型1種 或2種、光電式分離型、火焰式。	離子式局限型1種、光電式局限型1種、光電式分離型1種、火焰式

第115條 ★★★ ▢check 探測器之裝置位置，依下列規定：

一、天花板上設有出風口時，除火焰式、差動式分布型及光電式分離型探測器外，應距離該出風口1.5公尺以上。

二、牆上設有出風口時，應距離該出風口1.5公尺以上。但該出風口距天花板在1公尺以上時，不在此限。

三、天花板設排氣口或回風口時，偵煙式探測器應裝置於排氣口或回風口周圍1公尺範圍內。

四、局限型探測器以裝置在探測區域中心附近為原則。

五、局限型探測器之裝置，不得傾斜45度以上。但火焰式探測器，不在此限。

第116條 

下列處所得免設探測器：

一、探測器除火焰式外，裝置面高度超過20公尺者。

二、外氣流通無法有效探測火災之場所。

三、洗手間、廁所或浴室。

四、冷藏庫等設有能早期發現火災之溫度自動調整裝置者。

五、主要構造為防火構造，且開口設有具1小時以上防火時效防火門之金庫。

六、室內游泳池之水面或溜冰場之冰面上方。

七、不燃性石材或金屬等加工場，未儲存或未處理可燃性物品處。

八、其他經中央主管機關指定之場所。

第117條

偵煙式或熱煙複合式局限型探測器不得設於下列處所：

一、塵埃、粉末或水蒸氣會大量滯留之場所。

二、會散發腐蝕性氣體之場所。

三、廚房及其他平時煙會滯留之場所。

四、顯著高溫之場所。

五、排放廢氣會大量滯留之場所。

六、煙會大量流入之場所。

七、會結露之場所。

八、設有用火設備其火焰外露之場所。

九、其他對探測器機能會造成障礙之場所。

火焰式探測器不得設於下列處所：

一、前項第二款至第四款或第六款至第八款所列之處所。

二、水蒸氣會大量滯留之處所。

三、其他對探測器機能會造成障礙之處所。

前二項所列場所，依下表狀況，選擇適當探測器設置：

第118條 ★☆☆ ◯check

下表所列場所應就偵煙式、熱煙複合式或火焰式探測器選擇設置：

設置場所	樓梯或斜坡通道	走廊或通道限供第十二条第一款、第二款第二目、第六目至第十目、第四款及第五款使用者)	昇降機之昇降坑道或線管線管道	天花板等高度在15公尺以上，未滿20公尺之場所	天花板等高度超過10公尺之場所	地下層、無開口樓層及11層以上之各樓層(前揭所列樓層限供第十二條第一款、第二款第二目、第六目、第八目至第十目及第五款使用者)
偵煙式	○	○	○	○		○
熱煙複合式		○				○
火焰式				○	○	○
註：○表可選擇設置						

第119條 ☆☆☆ ◯check

探測器之探測區域，指探測器裝置面之四周以淨高**40**公分以上之樑或類似構造體區劃包圍者。但差動式分布型及偵煙式探測器，其裝置面之四周淨高應為**60**公分以上。

第120條 ★★☆ ▢check

差動式局限型、補償式局限型及定溫式局限型探測器，依下列規定設置：

一、探測器下端，裝設在裝置面下方**30**公分範圍內。

二、各探測區域應設探測器數，依下表之探測器種類及裝置面高度，在每一有效探測範圍，至少設置**1**個。

裝置面高度			未滿4公尺		4公尺以上 未滿8公尺	
建築物構造			防火構造建築物	其他建築物	防火構造建築物	其他建築物
探測器種類及有效探測範圍(平方公尺)	差動式局限型	一種	90	50	45	30
		二種	70	40	35	25
	補償式局限型	一種	90	50	45	30
		二種	70	40	35	25
	定溫式局限型	特種	70	40	35	25
		一種	60	30	30	15
		二種	20	15	–	–

三、具有定溫式性能之探測器，應裝設在平時之**最高周圍溫度**，比補償式局限型探測器之標稱定溫點或其他具有定溫式性能探測器之標稱動作溫度低攝氏**20**度以上處。但具2種以上標稱動作溫度者，

應設在平時之最高周圍溫度比最低標稱動作溫度低攝氏20度以上處。

第121條 ★☆☆ ▢check

差動式分布型探測器，依下列規定設置：

一、差動式分布型探測器為空氣管式時，應符合下列規定：

(一) 每一探測區域內之空氣管長度，露出部分在20公尺以上。

(二) 裝接於一個檢出器之空氣管長度，在100公尺以下。

(三) 空氣管裝置在裝置面下方30公分範圍內。

(四) 空氣管裝置在自裝置面任一邊起1.5公尺以內之位置，其間距，在防火構造建築物，在9公尺以下，其他建築物在6公尺以下。但依探測區域規模及形狀能有效探測火災發生者，不在此限。

二、差動式分布型探測器為熱電偶式時，應符合下列規定：

(一) 熱電偶應裝置在裝置面下方30公分範圍內。

各探測區域應設探測器數，依下表之規定：

建築物構造	探測區域樓地板面積	應設探測器數
防火構造建築物	88平方公尺以下	至少4個
	超過88平方公尺	應設4個，每增加22平方公尺(包括未滿)，增設1個。
其他建築物	72平方公尺以下	至少4個
	超過72平方公尺	應設4個，每增加18平方公尺(包括未滿)，增設1個。

(三) 裝接於一個檢出器之熱電偶數，在20個以下。

三、差動式分布型探測器為熱半導體式時，應符合下列規定：

(一) 探測器下端，裝設在裝置面下方30公分範圍內。

(二) 各探測區域應設探測器數，依下表之探測器種類及裝置面高度，在每一有效探測範圍，至少設置2個。但裝置面高度未滿8公尺時，在每一有效探測範圍，至少設置1個。

裝置面高度	建築物之構造	探測器種類及有效探測範圍(平方公尺)	
		一種	二種
未滿8公尺	防火構造建築物	65	36
	他建築物	40	23
8公尺以上未滿15公尺	防火構造建築物	50	—
	其他建築物	30	—

(三) 裝接於一個檢出器之感熱器數量，在2個以上15個以下。

前項之檢出器應設於便於檢修處，且與裝置面不得傾斜5度以上。

定溫式線型探測器，依下列規定設置：

一、探測器設在裝置面下方30公分範圍內。

二、探測器在各探測區域，使用第一種探測器時，裝置在自裝置面任一點起水平距離3公尺(防火構造建築物為4.5公尺)以內；使用第二種探測器時，裝在自裝置面任一點起水平距離1公尺(防火構造建築物為3公尺)以內。

第122條 ★☆☆ ▢check

偵煙式探測器除光電式分離型外，依下列規定裝置：

一、居室天花板距樓地板面高度在2.3公尺以下或樓地板面積在40平方公尺以下時，應設在其出入口附近。

二、探測器下端，裝設在裝置面下方60公分範圍內。

三、探測器裝設於距離牆壁或樑60公分以上之位置。

四、探測器除走廊、通道、樓梯及傾斜路面外，各探測區域應設探測器數，依下表之探測器種類及裝置面高度，在每一有效探測範圍，至少設置1個。

裝置面高度	探測器種類及有效探測範圍（平方公尺）	
	一種或二種	三種
未滿4公尺	150	50
4公尺以上未滿20公尺	75	－

五、探測器在走廊及通道，步行距離每30公尺至少設置1個；使用第三種探測器時，每20公尺至少設置1個；且距盡頭之牆壁在15公尺以下，使

用第三種探測器應在10公尺以下。但走廊或通道至樓梯之步行距離在10公尺以下，且樓梯設有平時開放式防火門或居室有面向該處之出入口時，得免設。

六、在樓梯、斜坡通道及電扶梯，垂直距離每15公尺至少設置一個；使用第三種探測器時，其垂直距離每10公尺至少設置一個。

七、在昇降機坑道及管道間(管道截面積在1平方公尺以上者)，應設在最頂部。但昇降路頂部有昇降機機械室，且昇降路與機械室間有開口時，應設於機械室，昇降路頂部得免設。

第123條 光電式分離型探測器，依下列規定設置：

check

一、探測器之受光面設在無日光照射之處。

二、設在與探測器光軸平行牆壁距離60公分以上之位置。

三、探測器之受光器及送光器，設在距其背部牆壁1公尺範圍內。
四、設在天花板等高度20公尺以下之場所。
五、探測器之光軸高度，在天花板等高度80%以上之位置。
六、探測器之光軸長度，在該探測器之標稱監視距離以下。
七、探測器之光軸與警戒區任一點之水平距離，在7公尺以下。

前項探測器之光軸，指探測器受光面中心點與送光面中心點之連結線。

第124條 ☆☆☆ ▢check

火焰式探測器，依下列規定設置：
一、裝設於天花板、樓板或牆壁。
二、距樓地板面1.2公尺範圍內之空間，應在探測器標稱監視距離範圍內。
三、探測器不得設在有障礙物妨礙探測火災發生處。
四、探測器設在無日光照射之處。但設有遮光功能可避免探測障礙者，不在此限。

第125條 火警受信總機應依下列規定裝置：

☆☆☆

▢check

一、具有火警區域表示裝置，指示火警發生之分區。

二、火警發生時，能發出促使警戒人員注意之音響。

三、附設與火警發信機通話之裝置。

四、一棟建築物內設有2臺以上火警受信總機時，設受信總機處，設有能相互同時通話連絡之設備。

五、受信總機附近備有識別火警分區之圖面資料。

六、裝置蓄積式探測器或中繼器之火警分區，該分區在受信總機，不得有雙信號功能。

七、受信總機、中繼器及偵煙式探測器，有設定蓄積時間時，其蓄積時間之合計，每一火警分區在60秒以下，使用其他探測器時，在20秒以下。

八、歌廳、舞廳、夜總會、俱樂部、錄影節目帶播映場所(MTV等)、視聽歌唱場所(KTV等)、酒家、酒吧、酒店(廊)或其他類似場所，因營業時音量或封閉式隔間等特性，致難以聽到火警警鈴聲響或辨識緊急廣播語音，於火災發生時，應連動停止相關娛樂用影音設備。

九、受信總機應具有於接受火災信號後一定時間內或再接受火災信號時，強制地區警報音響裝置鳴動之功能。

總樓地板面積未達**350**平方公尺之建築物，得設置單回路火警受信總機，其裝置不受前項第一款及第三款至第五款之限制；符合第十九條第一項第四款所定之樓層及場所用途分類，且該層樓地板面積未達**350**平方公尺者，亦同。

第126條

★☆☆

▢check

火警受信總機之位置，依下列規定裝置：

一、裝置於值日室等經常有人之處所。但設有防災中心時，設於該中心。

二、裝置於日光不直接照射之位置。

三、避免傾斜裝置，其外殼應接地。

四、壁掛型總機操作開關距離樓地板面之高度，在0.8公尺(座式操作者，為0.6公尺)以上1.5公尺以下。

第127條
★☆☆
▢check

火警自動警報設備之配線，除依用戶用電設備裝置規則外，依下列規定設置：

一、常開式之探測器信號回路，其配線採用串接式，並加設終端電阻，以便藉由火警受信總機作回路斷線自動檢出用。

二、P型受信總機採用數個分區共用一公用線方式配線時，該公用線供應之分區數，不得超過7個。

三、P型受信總機之探測器回路電阻，在50Ω以下。

四、電源回路導線間及導線與大地間之絕緣電阻值，以直流250伏特額定之絕緣電阻計測定，對地電壓在150伏特以下者，在0.1MΩ以上，對地電壓超過150伏特者，在0.2MΩ以上。探測器回路導線間及導線與大地間之絕緣電阻值，以直流250伏特額定之絕緣電阻計測定，每一火警分區在0.1MΩ以上。

五、埋設於屋外或有浸水之虞之配線，採用電纜並穿於金屬管或塑膠導線管，與電力線保持30公分以上之間距。

第128條 ☆☆☆ ▢check

火警自動警報設備之緊急電源，應使用蓄電池設備，其容量能使其有效動作10分鐘以上。

第二節　手動報警設備

第129條 ★☆☆ ▢check

每一火警分區，依下列規定設置火警發信機：

一、按鈕按下時，能即刻發出火警音響。

二、按鈕前有防止隨意撥弄之保護板。

三、附設緊急電話插座。

四、裝置於屋外之火警發信機，具防水之性能。

二樓層共用一火警分區者，火警發信機應分別設置。但樓梯或管道間之火警分區，得免設。

第130條 ★☆☆ ▢check

設有火警發信機之處所，其標示燈應平時保持明亮，標示燈與裝置面成<u>**15**</u>度角，在<u>**10**</u>公尺距離內須無遮視物且明顯易見。

第131條 ★★☆ ▢check

設有火警發信機之處所，其火警警鈴，依下列規定設置：

一、電壓到達規定電壓之<u>**80%**</u>時，能即刻發出音響。

二、在規定電壓下，離開火警警鈴<u>**100**</u>公分處，所測得之音壓，在<u>**90**</u>分貝以上。

三、電鈴絕緣電阻以直流<u>**250**</u>伏特額定之絕緣電阻計測定，在<u>**20**</u>MΩ以上。

四、警鈴音響應有別於建築物其他音響，並除報警外不得兼作他用。

依本章第三節設有緊急廣播設備時，得免設前項火警警鈴。

第132條 ★☆☆ ▢check

火警發信機、標示燈及火警警鈴，依下列規定裝置：

一、裝設於火警時人員避難通道內適當而明顯之位置。

二、火警發信機離地板面之高度在<u>**1.2**</u>公尺以上<u>**1.5**</u>公尺以下。

三、標示燈及火警警鈴距離地板面之高度，在2公尺以上2.5公尺以下。但與火警發信機合併裝設者，不在此限。

四、建築物內裝有消防立管之消防栓箱時，火警發信機、標示燈及火警警鈴裝設在消防栓箱上方牆上。

第三節 緊急廣播設備

第133條 ★★☆ ▢check

緊急廣播設備，依下列規定裝置：

一、距揚聲器1公尺處所測得之音壓應符合下表規定：

揚聲器種類	音壓
L級	92分貝以上
M級	87分貝以上92分貝未滿
S級	84分貝以上87分貝未滿

二、揚聲器，依下列規定裝設：

(一) 廣播區域超過100平方公尺時，設L級揚聲器。

(二) 廣播區域超過50平方公尺100平方公尺以下時，設L級或M級揚聲器。

(三) 廣播區域在50平方公尺以下時，設L級、M級或S級揚聲器。

(四) 從各廣播區域內任一點至揚聲器之水平距離在10公尺以下。但居室樓地板面積在6平方公尺或由居室通往地面之主要走廊及通道樓地板面積在6平方公尺以下，其他非居室部分樓地板面積在30平方公尺以下，且該區域與相鄰接區域揚聲器之水平距離相距8公尺以下時，得免設。

(五) 設於樓梯或斜坡通道時，至少垂直距離每15公尺設一個L級揚聲器。

三、樓梯或斜坡通道以外之場所，揚聲器之音壓及裝設符合下列規定者，不受前款第四目之限制：

(一) 廣播區域內距樓地板面1公尺處，依下列公式求得之音壓在75分貝以上者。

P = p ＋ 10log10 (Q/4πr2 ＋ 4(1-a)/Sα)

P值：音壓(單位：dB)

p值：揚聲器音響功率(單位：dB)

Q值：揚聲器指向係數

r值：受音點至揚聲器之距離(單位：公尺)

α值：廣播區域之平均吸音率

S值：廣播區域內牆壁、樓地板及天花板面積之合計(單位：平方公尺)

(二) 廣播區域之殘響時間在3秒以上時，距樓地板面1公尺處至揚聲器之距離，在下列公式求得值以下者。

$$r = \frac{3}{4}\sqrt{QS\alpha / \pi(1-\alpha)}$$

r值：受音點至揚聲器之距離(單位：公尺)

Q值：揚聲器指向係數

S值：廣播區域內牆壁、樓地板及天花板面積之合計(單位：平方公尺)

α值：廣播區域之平均吸音率

第134條 ☆☆☆ ▢check

裝設緊急廣播設備之建築物，依下列規定劃定廣播分區：

一、每一廣播分區不得超過一樓層。

二、室內安全梯或特別安全梯應垂直距離每**45**公尺單獨設定一廣播分區。安全梯或特別安全梯之地下層部分，另設定一廣播分區。

三、建築物挑空構造部分，所設揚聲器音壓符合規定時，該部分得為一廣播分區。

第135條
☆☆☆
▢check

緊急廣播設備與火警自動警報設備連動時，其火警音響之鳴動準用第一百十三條之規定。
緊急廣播設備之音響警報應以語音方式播放。
緊急廣播設備之緊急電源，準用第一百二十八條之規定。

第136條
★☆☆
▢check

緊急廣播設備之啟動裝置應符合CNS 10522之規定，並依下列規定設置：
一、各樓層任一點至啟動裝置之步行距離在**50**公尺以下。
二、設在距樓地板高度**0.8**公尺以上**1.5**公尺以下範圍內。
三、各類場所**第11層**以上之各樓層、**地下第3層**以下之各樓層或地下建築物，應使用**緊急電話**方式啟動。

第137條
☆☆☆
▢check

緊急廣播設備與其他設備共用者，在火災時應能遮斷緊急廣播設備以外之廣播。

第138條
☆☆☆
▢check

擴音機及操作裝置，應符合CNS 10522之規定，並依下列規定設置：

一、操作裝置與啟動裝置或火警自動警報設備動作連動，並標示該啟動裝置或火警自動警報設備所動作之樓層或區域。

二、具有選擇必要樓層或區域廣播之性能。

三、各廣播分區配線有短路時，應有短路信號之標示。

四、操作裝置之操作開關距樓地板面之高度，在0.8公尺以上(座式操作者，為0.6公尺)1.5公尺以下。

五、操作裝置設於值日室等經常有人之處所。但設有防災中心時，設於該中心。

第139條 ★☆☆ ▢check

緊急廣播設備之配線，除依用戶用電設備裝置規則外，依下列規定設置：

一、導線間及導線對大地間之絕緣電阻值，以直流250伏特額定之絕緣電阻計測定，對地電壓在150伏特以下者，在0.1MΩ以上，對地電壓超過150伏特者，在0.2MΩ以上。

二、不得與其他電線共用管槽。但電線管槽內之電線用於60伏特以下之弱電回路者，不在此限。
三、任一層之揚聲器或配線有短路或斷線時，不得影響其他樓層之廣播。
四、設有音量調整器時，應為三線式配線。

第四節　瓦斯漏氣火警自動警報設備

第140條 ★☆☆ ▢check

瓦斯漏氣火警自動警報設備依第一百十二條之規定劃定警報分區。

前項瓦斯，指下列氣體燃料：

一、天然氣。
二、液化石油氣。
三、其他經中央主管機關指定者。

第141條 ★☆☆ ▢check

瓦斯漏氣檢知器，依瓦斯特性裝設於天花板或牆面等便於檢修處，並符合下列規定：

一、瓦斯對空氣之比重未滿1時，依下列規定：
(一) 設於距瓦斯燃燒器具或瓦斯導管貫穿牆壁處水

平距離8公尺以內。但樓板有淨高60公分以上之樑或類似構造體時，設於近瓦斯燃燒器具或瓦斯導管貫穿牆壁處。

(二) 瓦斯燃燒器具室內之天花板附近設有吸氣口時，設在距瓦斯燃燒器具或瓦斯導管貫穿牆壁處與天花板間，無淨高60公分以上之樑或類似構造體區隔之吸氣口1.5公尺範圍內。

(三) 檢知器下端，裝設在天花板下方30公分範圍內。

二、瓦斯對空氣之比重大於1時，依下列規定：

(一) 設於距瓦斯燃燒器具或瓦斯導管貫穿牆壁處水平距離4公尺以內。

(二) 檢知器上端，裝設在距樓地板面30公分範圍內。

三、水平距離之起算，依下列規定：
(一) 瓦斯燃燒器具為燃燒器中心點。
(二) 瓦斯導管貫穿牆壁處為面向室內牆壁處之瓦斯配管中心處。

第142條 瓦斯漏氣受信總機，依下列規定：

check

一、裝置於值日室等平時有人之處所。但設有防災中心時，設於該中心。
二、具有標示瓦斯漏氣發生之警報分區。
三、設於瓦斯導管貫穿牆壁處之檢知器，其警報分區應個別標示。
四、操作開關距樓地板面之高度，須在**0.8**公尺以上(座式操作者為0.6公尺)**1.5**公尺以下。
五、主音響裝置之音色及音壓應有別於其他警報音響。
六、一棟建築物內有2臺以上瓦斯漏氣受信總機時，該受信總機處，設有能相互同時通話連絡之設備。

第143條 瓦斯漏氣之警報裝置，依下列規定：

☆☆☆

▢check

一、瓦斯漏氣表示燈，依下列規定。但在一警報分區僅一室時，得免設之。

(一) 設有檢知器之居室面向通路時，設於該面向通路部分之出入口附近。

(二) 距樓地板面之高度，在**4.5**公尺以下。

(三) 其亮度在表示燈前方**3**公尺處能明確識別，並於附近標明瓦斯漏氣表示燈字樣。

二、檢知器所能檢知瓦斯漏氣之區域內，該檢知器動作時，該區域內之檢知區域警報裝置能發出警報音響，其音壓在距**1**公尺處應有**70**分貝以上。但檢知器具有發出警報功能者，或設於機械室等常時無人場所及瓦斯導管貫穿牆壁處者，不在此限。

第144條 ☆☆☆ ▢check

瓦斯漏氣火警自動警報設備之配線，除依用戶用電設備裝置規則外，依下列規定：

一、電源回路導線間及導線對大地間之絕緣電阻值，以直流**500**伏特額定之絕緣電阻計測定，對地電壓在150伏特以下者，應在**0.1**MΩ以上，對地電壓超過150伏特者，在**0.2**MΩ以上。檢知器回路導線間及導線與大地間之絕緣電阻值，以直流500伏特額定之絕緣電阻計測定，每一警報分區在0.1MΩ以上。

二、常開式檢知器信號回路之配線採用**串接式**，並加設**終端電阻**，以便藉由瓦斯漏氣受信總機作斷線自動檢出用。

三、檢知器回路不得與瓦斯漏氣火警自動警報設備以外之設備回路共用。

第145條

瓦斯漏氣火警自動警報設備之緊急電源應使用蓄電池設備，其容量應能使二回路有效動作**10**分鐘以上，其他回路能監視**10**分鐘以上。

第145-1條 ☆☆☆ ▢check

119火災通報裝置，依下列規定設置：

一、應具手動及自動啟動功能。

二、應設於值日室等經常有人之處所。但設有防災中心時，應設於該中心。

三、設置遠端啟動裝置時，應設有可與設置119火災通報裝置場所通話之設備。

四、手動啟動裝置之操作開關距離樓地板面之高度，在**0.8**公尺以上**1.5**公尺以下。

五、裝置附近，應設置送、收話器，並與其他內線電話明確區分。

六、應避免斜裝置，並採取有效防震措施。

第三章 避難逃生設備

第一節 標示設備

第146條
★★☆
▢check

下列處所得免設出口標示燈、避難方向指示燈或避難指標：

一、自居室任一點易於觀察識別其主要出入口，且與主要出入口之步行距離符合下列規定者。但位於地下建築物、地下層或無開口樓層者不適用之：

(一) 該步行距離在避難層為20公尺以下，在避難層以外之樓層為10公尺以下者，得免設出口標示燈。

(二) 該步行距離在避難層為40公尺以下，在避難層以外之樓層為30公尺以下者，得免設避難方向指示燈。

(三) 該步行距離在30公尺以下者，得免設避難指標。

二、居室符合下列規定者：

(一) 自居室任一點易於觀察識別該居室出入口，且依用途別，其樓地板面積符合下表規定。

途別	第十二條第一款第一目至第三目	第十二條第一款第四目、第五目、第七目、第二款第十目	第十二條第一款第六目、第二款第一目至第九目、第十一目、第十二目、第三款、第四款
居室樓地板面積	100平方公尺以下	200平方公尺以下	400平方公尺以下

(二) 供集合住宅使用之居室。

三、通往主要出入口之走廊或通道之出入口，設有探測器連動自動關閉裝置之防火門，並設有避難指標及緊急照明設備確保該指標明顯易見者，得免設出口標示燈。

四、樓梯或坡道，設有緊急照明設備及供確認避難方向之樓層標示者，得免設避難方向指示燈。

前項第一款及第三款所定主要出入口，在避難層，指通往戶外之出入口，設有排煙室者，為該室之出入口；在避難層以外之樓層，指通往直通樓梯之出入口，設有排煙室者，為該室之出入口。

第146-1條 ★☆☆ ○check

出口標示燈及非設於樓梯或坡道之避難方向指示燈，其標示面縱向尺度及光度依等級區分如下：

區分		標示面縱向尺度(m)	標示面光度(cd)
出口標示燈	A級	0.4以上	50以上
	B級	0.2以上，未滿0.4	10以上
	C級	0.1以上，未滿0.2	1.5以上
避難方向指示燈	A級	0.4以上	60以上
	B級	0.2以上，未滿0.4	13以上
	C級	0.1以上，未滿0.2	5以上

第146-2條 ☆☆☆ ○check

出口標示燈及避難方向指示燈之有效範圍，指至該燈之步行距離，在下列二款之一規定步行距離以下之範圍。但有不易看清或識別該燈情形者，該有效範圍為**10**公尺：

一、依下表之規定：

區分			步行距離(公尺)
出口標示燈	A級	未顯示避難方向符號者	60
		顯示避難方向符號者	40
	B級	未顯示避難方向符號者	30
		顯示避難方向符號者	20
	C級		15

區分		步行距離(公尺)
避難方向指示燈	A級	20
	B級	15
	C級	10

二、依下列計算值：D = kh式中，D：步行距離(公尺) h：出口標示燈或避難方向指示燈標示面之縱向尺度(公尺) k：依下表左欄所列區分，採右欄對應之k值：

區分		k值
出口標示燈	未顯示避難方向符號者	150
	顯示避難方向符號者	100
避難方向指示燈		50

第146-3條 ★☆☆ ○check

出口標示燈應設於下列出入口上方或其緊鄰之有效引導避難處：

一、通往戶外之出入口；設有排煙室者，為該室之出入口。

二、通往直通樓梯之出入口；設有排煙室者，為該室之出入口。

三、通往前二款出入口，由室內往走廊或通道之出入口。

四、通往第一款及第二款出入口，走廊或通道上所設跨防火區劃之防火門。

避難方向指示燈，應裝設於設置場所之走廊、樓梯及通道，並符合下列規定：

一、優先設於轉彎處。

二、設於依前項第一款及第二款所設出口標示燈之有效範圍內。

三、設於前二款規定者外，把走廊或通道各部分包含在避難方向指示燈有效範圍內，必要之地點。

第146-4條 ☆☆☆ ▢check

出口標示燈及避難方向指示燈之裝設，應符合下列規定：

一、設置位置應不妨礙通行。

二、周圍不得設有影響視線之裝潢及廣告招牌。

三、設於地板面之指示燈，應具不因荷重而破壞之強度。

四、設於可能遭受雨淋或溼氣滯留之處所者，應具防水構造。

第146-5條 ☆☆☆ ▢check

出口標示燈及非設於樓梯或坡道之避難方向指示燈，設於下列場所時，應使用**A**級或**B**級；出口標示燈標示面光度應在**20**燭光

(cd)以上，或具閃滅功能；避難方向指示燈標示面光度應在25燭光(cd)以上。但設於走廊，其有效範圍內各部分容易識別該燈者，不在此限：

一、供第十二條第二款第一目、第三款第三目或第五款第三目使用者。

二、供第十二條第一款第一目至第五目、第七目或第五款第一目使用，該層樓地板面積在1000平方公尺以上者。

三、供第十二條第一款第六目使用者。其出口標示燈並應採具閃滅功能，或兼具音聲引導功能者。

前項出口標示燈具閃滅或音聲引導功能者，應符合下列規定：

一、設於主要出入口。

二、與火警自動警報設備連動。

三、由主要出入口往避難方向所設探測器動作時，該出入口之出口標示燈應停止閃滅及音聲引導。

避難方向指示燈設於樓梯或坡道者，在樓梯級面或坡道表面之照度，應在1勒克司(lx)以上。

第146-6條 ☆☆☆ ▢check

觀眾席引導燈之照度，在觀眾席通道地面之水平面上測得之值，在**0.2勒克司(lx)**以上。

第146-7條 ☆☆☆ ▢check

出口標示燈及避難方向指示燈，應保持不熄滅。

出口標示燈及非設於樓梯或坡道之避難方向指示燈，與火警自動警報設備之探測器連動亮燈，且配合其設置場所使用型態採取適當亮燈方式，並符合下列規定之一者，得予減光或消燈。

一、設置場所無人期間。

二、設置位置可利用自然採光辨識出入口或避難方向期間。

三、設置在因其使用型態而特別需要較暗處所，於使用上較暗期間。

四、設置在主要供設置場所管理權人、其雇用之人或其他固定使用之人使用之處所。

設於樓梯或坡道之避難方向指示燈，與火警自動警報設備之探測器連動亮燈，且配合其設置場所使用型態採取適當亮燈方式，並符合前項第一款或第二款規定者，得予減光或消燈。

第147條 (刪除)

第148條 (刪除)

第149條 (刪除)

第150條 (刪除)

第151條 (刪除)

第152條 (刪除)

第153條 避難指標，依下列規定設置：
★☆☆
▢check

一、設於出入口時，裝設高度距樓地板面1.5公尺以下。
二、設於走廊或通道時，自走廊或通道任一點至指標之步行距離在7.5公尺以下。且優先設於走廊或通道之轉彎處。
三、周圍不得設有影響視線之裝潢及廣告招牌。
四、設於易見且採光良好處。

第154條 出口標示燈及避難方向指示燈，應符合出口標示燈及避難方向指示燈認可基準規定。
☆☆☆
▢check

避難指標之構造，應符合CNS 10208之規定。

第155條 ★☆☆ ▢check

出口標示燈及避難方向指示燈之緊急電源應使用蓄電池設備，其容量應能使其有效動作20分鐘以上。但設於下列場所之主要避難路徑者，該容量應在60分鐘以上，並得採蓄電池設備及緊急發電機併設方式：

一、總樓地板面積在50000平方公尺以上。

二、高層建築物，其總樓地板面積在30000平方公尺以上。

三、地下建築物，其總樓地板面積在1000平方公尺以上。

前項之主要避難路徑，指符合下列規定者：

一、通往戶外之出入口；設有排煙室者，為該室之出入口。

二、通往直通樓梯之出入口；設有排煙室者，為該室之出入口。

三、通往第一款出入口之走廊或通道。

四、直通樓梯。

第156條 ☆☆☆ ▢check

出口標示燈及避難方向指示燈之配線，依用戶用電設備裝置規則外，並應符合下列規定：

一、蓄電池設備集中設置時，直接連接於分路配線，不得裝置插座或開關等。

二、電源回路不得設開關。但以三線式配線使經常充電或燈具內置蓄電池設備者，不在此限。

第二節　避難器具

第157條　避難器具，依下表選擇設置之：

★★☆

▢check

設置場所應設數量		地下層	第二層	第三層、第四層或第五層	第六層以上之樓層
1	第2層以上之樓層或地下層供第十二條第一款第六目、第二款第十二目使用，其收容人員在二十人(其下面樓層供第十二條第一款第一目至第五目、第七目、第二款第二目、第六目、第七目、第三款第三目或第四款所列場所使用時，應為10人)以上100人以下時，設1具；超過100人時，每增加(包含未滿)100人增設1具。	避難梯	避難梯、避難橋、緩降機、救助袋、滑臺	避難橋、救助袋、滑臺	避難橋、救助袋、滑臺

	設置場所應設數量	地下層	第二層	第三層、第四層或第五層	第六層以上之樓層
2	第2層以上之樓層或地下層供第十二條第一款第三目、第二款第七目使用，其收容人員在30人(其下面樓層供第十二條第一款第一目、第二目、第四目、第五目、第七目、第二款第二目、第六目、第七目之住宿型精神復建機構或第四款所列場所使用時，應為10人)以上100人以下時，設一具；超過100人時，每增加(包括未滿)100人增設1具。	避難梯	避難梯、避難橋、避難繩索、緩降機、救助袋、滑臺、滑杆	避難梯、避難橋、緩降機、救助袋、滑臺	避難梯、避難橋、緩降機、救助袋、滑臺
3	第2層以上之樓層或地下層供第十二條第一款第一目、第二目、第四目、第五目、第七目或第二款第一目至第五目、第八目、第九目所列場所使用，其收容人員在50人以上200人以下時，設1具；超過200人時，每增加200人(包括未滿)增設1具	避難梯	同上	同上	同上
4	第3層以上之樓層或地下層供第十二條第二款第六目、第十目或第四款所列場所使用，其收容人員在100人以上300人以下時，設1具；超過300人，每增加300人(包括未滿)增設1具。	避難梯		同上	同上

	設置場所應設數量	地下層	第二層	第三層、第四層或第五層	第六層以上之樓層
5	第十二條所列各類場所第3層(供第十二條第一款第一目至第三目所列場所使用，或供同條第五款第一目使用之二樓有第一款第一目至第三目所列場所使用時，應為2樓)以上之樓層，其直通避難層或地面之樓梯僅一座，且收容人員在10人以上100人以下時，應設一具，超過100人時，每增加(包括未滿)100人增設1具。		同上	同上	同上
註：設置場所各樓層得選設之器具，除依本表規定外，亦得選設經中央消防主管機關認可之避難器具。					

第158條

check

各類場所之各樓層，其應設避難器具得分別依下列規定減設之：

一、前條附表1至5所列場所，符合下列規定者，其設置場所應設數量欄所列收容人員100人、200人及300人，得分別以其加倍數值，重新核算其應設避難器具數：

(一) 建築物主要構造為防火構造者。

(二) 設有2座以上不同避難方向之安全梯者。但剪刀式樓梯視為一座。

二、設有避難橋之屋頂平臺，其直下層設有2座以上安全梯可通達，且屋頂平臺合於下列規定時，其直下層每一座避難橋可減設2具：

(一) 屋頂平臺淨空間面積在100平方公尺以上。

(二) 臨屋頂平臺出入口設具半小時以上防火時效之防火門窗，且無避難逃生障礙。

(三) 通往避難橋必須經過之出入口，具容易開關之構造。

三、設有架空走廊之樓層，其架空走廊合於下列規定者，該樓層每一座架空走廊可減設2具：

(一) 為防火構造。

(二) 架空走廊二側出入口設有能自動關閉之具1小時以上防火時效之防火門(不含防火鐵捲門)。

(三) 不得供避難、通行及搬運以外之用途使用。

第159條 ★☆☆ ▢check

各類場所之各樓層符合下列規定之一者，其應設之避難器具得免設：

一、主要構造為防火構造，居室面向戶外部分，設有陽臺等有效避難設施，且該陽臺等設施設有可通往地面之樓梯或通往他棟建築物之設施。

二、主要構造為防火構造，由居室或住戶可直接通往直通樓梯，且該居室或住戶所面向之直通樓梯，設有隨時可自動關閉之具1小時以上防火時效之防火門(不含防火鐵捲門)，且收容人員未滿30人。

三、供第十二條第二款第六目、第十目或第四款所列場所使用之樓層，符合下列規定者：

(一) 主要構造為防火構造。

(二) 設有2座以上安全梯，且該樓層各部分均有2個以上不同避難逃生路徑能通達安全梯。

四、供第十二條第二款第一目、第二目、第五目、第八目或第九目所列場所使用之樓層，除符合前款規定外，且設有自動撒水設備或內部裝修符合建築技術規則建築設計施工篇第八十八條規定者。

五、供第十二條第一款第六目之榮譽國民之家、長期照顧服務機構(限機構住宿式、社區式之建築物使用類組非屬H條之二之日間照顧、團體家屋及小規模多機能)、老人福利機構(限長期照護型、養護型、失智照顧型之長期照顧機構、安養機構)、兒童及少年福利機構(限托嬰中心、早期療育機構、有收容未滿二歲兒童之安置及教養機構)、護理機構(限一般護理之家、精神護理之家、產後護理機構)、身心障礙福利機構(限供住宿養護、日間服務、臨時及短期照顧者)場所使用之樓層，符合下列規定者：

(一) 各樓層以具1小時以上防火時效之牆壁及防火設備分隔為2個以上之區劃，各區劃均以走廊連接安全梯，或分別連接不同安全梯。

(二) 裝修材料以耐燃1級材料裝修。

(三) 設有火警自動警報設備及自動撒水設備(含同等以上效能之滅火設備)。

第160條 ☆☆☆ ▢check 第一百五十七條表列收容人員之計算，依下表規定：

	各類場所	收容人員計算方式
1	電影片映演場所(戲院、電影院)、歌廳、集會堂、體育館、活動中心	其收容人員人數，為下列各款合計之數額： 一、從業員工數 二、各觀眾席部分以下列數額合計之 (一)設固定席位部分以該部分座椅數計之。如為連續式席位，為該座椅正面寬度除0.4公尺所得之數(未滿1之零數不計) (二)設立位部分以該部分樓地板面積除0.2平方公尺所得之數 (三)其他部分以該部分樓地板面積除0.5平方公尺所得之數

	各類場所	收容人員計算方式
2	遊藝場所、電子遊戲場、資訊休閒場所	其收容人員人數，為下列各款合計之數額： 一、從業員工數 二、遊樂用機械器具能供進行遊樂之人數 三、供觀覽、飲食或休息使用設固定席位者，以該座椅數計之。如為連續式席位，為該座椅正面寬度除0.5公尺所得之數(未滿1之零數不計)。
3	舞廳、舞場、夜總會、俱樂部、酒家、酒吧、酒店(廊)、理容院、指壓按摩場所、節目錄影帶播映場所、視聽歌唱場所、保齡球館、室內溜冰場、撞球場、健身休閒中心(含提供指壓、三溫暖等設施之美容瘦身場所)、室內螢幕式高爾夫練習場、餐廳、飲食店、咖啡廳、茶藝館及其他類似場所	其收容人員人數，為下列各款合計之數額： 一、從業員工數 二、各客人座席部分以下列數額合計之： (一)設固定席位部分，以該部分座椅數計之。如為連續式席位，為該座椅正面寬度除零點五公尺所得之數(未滿1之零數不計) (二)其他部分以該部分樓地板面積除3平方公尺所得之數。 三、保齡球館之球場以附屬於球道之座椅數為準 四、視聽歌唱場所之包廂，以其固定座椅數及麥克風數之合計為準
4	商場、市場、百貨商場、超級市場、零售市場、展覽場	其收容人員人數，為下列各款合計之數額： 一、從業員工數 二、供從業人員以外者使用部分，以下列數額合計： (一)供飲食或休息用部分，以該部分樓地板面積除3平方公尺所得之數 (二)其他部分以該部分樓地板面積除4平方公尺所得之數。 三、百貨商場之櫥窗部分，應列為其他部分核算

	各類場所	收容人員計算方式
5	觀光飯店、飯店、旅館、招待所(限有寢室客房者)	其收容人員人數，為下列各款合計之數額： 一、從業員工數 二、各客房部分，以下列數額合計： (一)西式客房之床位數。 (二)日式客房以該房間之樓地板面積除6平方公尺(以團體為主之宿所，應為3平方公尺)所得之數 三、供集會、飲食或休息用部分，以下列數額合計： (一)設固定席位部分，以該座椅數計之。如為連續式席位，為該座椅正面寬度除0.5公尺所得之數(未滿1之零數不計)。 (二)其他部分以該部分樓地板面積除3平方公尺所得之數
6	集合住宅、寄宿舍	合計其居住人數，每戶以3人計算
7	醫療機構(醫院、診所)、療養院	其收容人員人數，為下列各款合計之數額： 一、從業員工數 二、病房內病床數 三、各候診室之樓地板面積和除3平方公尺所得之數 四、醫院等場所育嬰室之嬰兒，應列為收容人員計算
8	長期照護機構(長期照護型、養護型、失智照顧型)、安養機構、老人服務機構(限供日間照顧、臨時照顧、短期保護及安置使用者)、兒童福利設施、幼兒園、托嬰中心、護理之家機構、產後護理機構	從業員工數與老人、幼兒、身體障礙者、精神耗弱者及其他需保護者之人數合計之

	各類場所	收容人員計算方式
9	學校、啟明、啟聰、啟智等特殊學校、補習班、訓練班、兒童與少年福利機構、K書中心、安親(才藝)班	教職員工數與學生數合計之。
10	圖書館、博物館、美術館、紀念館、史蹟資料館及其他類似場所	從業員工數與閱覽室、展示室、展覽室、會議室及休息室之樓地板面積和除3平方公尺所得之數，合計之。
11	三溫暖、公共浴室	從業員工數與供浴室、更衣室、按摩室及休息室之樓地板面積和除3平方公尺所得之數，合計之。
12	寺廟、宗祠、教堂、供存放骨灰(骸)之納骨堂(塔)及其他類似場所	神職人員及其他從業員工數與供禮拜、集會或休息用部分之樓地板面積和除3平方公尺所得之數，合計之。
13	車站、候機室、室內停車場、室內停車空間、電影攝影場、電視播送場、倉庫、傢俱展示販售場等工作場所	從業員工數之合計
14	其他場所	從業員工數與供從業員以外者所使用部分之樓地板面積和除3平方公尺所得之數，合計之

註：

一、收容人數之計算應以樓層為單位

二、依「複合用途建築物判斷基準」判定該場所不同用途，在管理及使用型態上，構成從屬於主用途時，以主用途來核算其收容人數

三、從業員工數之計算，依下列規定：

(一)從業員工，不分正式或臨時，以平時最多服勤人數計算。
但雇用人員屬短期、臨時性質者，得免計入

(二)勤務制度採輪班制時，以服勤人員最多時段之從業員工數計算。但交班時，不同時段從業員工重複在勤時，該重複時段之從業員工數不列入計算

(三)外勤員工有固定桌椅者，應計入從業員工數
四、計算收容人員之樓地板面積，依下列規定：
(一)樓地板面積除單位面積所得之數，未滿一之零數不計。
(二)走廊、樓梯及廁所，原則上不列入計算收容人員之樓地板面積
五、固定席位，指構造上固定，或設在一定場所固定使用且不易移動者。下列情形均應視為固定席位：
(一)沙發等座椅
(二)座椅相互連接者
(三)平時在同一場所，固定使用，且不易移動之座椅。

第161條 避難器具，依下列規定裝設：

☆☆☆

▢check

一、設在避難時易於接近處。

二、與安全梯等避難逃生設施保持適當距離。

三、供避難器具使用之開口部，具有安全之構造。

四、避難器具平時裝設於開口部或必要時能迅即裝設於該開口部。

五、設置避難器具(滑杆、避難繩索及避難橋除外)之開口部，上下層應交錯配置，不得在同一垂直線上。但在避難上無障礙者不在此限。

第162條 ★☆☆ ▢check

避難器具，依下表規定，於開口部保有必要開口面積：

種類	開口面積
緩降機、避難梯、避難索及滑杆繩	高80公分以上，寬50公分以上或高100公分以上，寬45公分以上。
救助袋	高60公分以上，寬60公分以上。
滑臺	高80公分以上，寬為滑臺最大寬度以上。
避難橋	高180公分以上，寬為避難橋最大寬度以上。

第163條 ★☆☆ ▢check

避難器具，依下表規定，於設置周圍無操作障礙，並保有必要操作面積：

種類	操作面積
緩降機、避難梯、避難繩索及滑杆	0.5平方公尺以上(不含避難器具所佔面積)，但邊長應為60公分以上。
救助袋	寬150公分以上，長150公分以上(含器具所佔面積)。但無操作障礙，且操作面積在2.25平方公尺以上時，不在此限。
滑臺、避難橋	依避難器具大小及形狀留置之

第164條 避難器具，依下表規定，於開口部與地面之間保有必要下降空間：

☆☆☆
▢check

種類	下降空間
緩降機	以器具中心半徑0.5公尺圓柱形範圍內。但突出物在10公分以內，且無避難障礙者，或超過10公分時，能採取不損繩索措施者，該突出物得在下降空間範圍內
避難梯	自避難梯二側豎桿中心線向外20公分以上及其前方65公分以上之範圍內
避難繩索及滑杆	無避難障礙之空間。
救助袋（斜降式）	救助袋下方及側面，在上端25度，下端35度方向依下圖所圍範圍內。但沿牆面使用時，牆面側不在此限
救助袋（直降式）	一、救助袋與牆壁之間隔為30公分以上。但外牆有突出物，且突出物距救助袋支固器具裝設處在3公尺以上時，應距突出物前端50公分以上。 二、以救助袋中心，半徑1公尺圓柱形範圍內。
滑臺	滑面上方1公尺以上及滑臺兩端向外20公分以上所圍範圍內
避難橋	避難橋之寬度以上及橋面上方2公尺以上所圍範圍內

第165條 避難器具依下表規定，於下降空間下方保有必要下降空地：

☆☆☆
▢check

種類	下降空間
緩降機	下降空間之投影面積。
避難梯	下降空間之投影面積。

種類	下降空間
避難繩索及滑杆	無避難障礙之空地。
救助袋(斜降式)	救助袋最下端起二點五公尺及其中心線左右1公尺以上所圍範圍。
救助袋(直降式)	下降空間之投影面積。
滑臺	滑臺前端起1.5公尺及其中心線左右0.5公尺所圍範圍
避難橋	無避難障礙之空地。

第166條 ★☆☆ ▢check

設置避難器具時，依下表標示其設置位置、使用方法並設置指標：

避難器具標示種類	設置處所	尺寸	顏色	標示方法
設置位置	避難器具或其附近明顯易見處。	長36公分以上、寬12公分以上	白底黑字	字樣為「避難器具」，每字5平方公分以上。但避難梯等較普及之用語，得直接使用其名稱為字樣。
使用方法		長60公分以上、寬30公分以上。		標示易懂之使用方法，每字1平方公分以上。
避難器具指標	通往設置位置之走廊、通道及居室之入口。	長36公分以上、寬12公分以上。		字樣為「避難器具」，每字5平方公分以上。

第167條 緩降機應依下列規定設置：

☆☆☆
▢check

一、緩降機之設置，在下降時，所使用繩子應避免與使用場所牆面或突出物接觸。

二、緩降機所使用繩子之長度，以其裝置位置至地面或其他下降地點之等距離長度為準。

三、緩降機支固器具之裝置，依下列規定：

(一) 設在使用場所之柱、地板、樑或其他構造上較堅固及容易裝設場所。

(二) 以螺栓、熔接或其他堅固方法裝置。

第168條 滑臺，依下列規定設置：

☆☆☆
▢check

一、安裝在使用場所之柱、地板、樑或其他構造上較堅固或加強部分。

二、以螺栓、埋入、熔接或其他堅固方法裝置。

三、設計上無使用障礙，且下降時保持一定之安全速度。

四、有防止掉落之適當措施。

五、滑台之構造、材質、強度及標示符合CNS 13231之規定。

第169條 避難橋，依下列規定設置：
☆☆☆
▢check

一、裝置在使用場所之柱、地板或其他構造上較堅固或加強部分。
二、一邊以螺栓、熔接或其他堅固方法裝置。
三、避難橋之構造、材質、強度及標示符合CNS 13231之規定。

第170條 救助袋依下列規定設置：
☆☆☆
▢check

一、救助袋之長度應無避難上之障礙，且保持一定之安全下滑速度。
二、裝置在使用場所之柱、地板、樑或其他構造上堅固或加強部分。
三、救助袋支固器具以螺栓、熔接或其他堅固方法裝置。

第171條 避難梯依下列規定設置：
★★☆
▢check

一、固定梯及固定式不銹鋼爬梯(直接嵌於建築物牆、柱等構造，不可移動或收納者)應符合下列規定：
(一) 裝置在使用場所之柱、地板、樑或其他構造上較堅固或加強部分。

(二) 以螺栓、埋入、熔接或其他堅固方法裝置。

(三) 橫桿與使用場所牆面保持10公分以上之距離。

二、第4層以上之樓層設避難梯時，應設固定梯，並合於下列規定：

(一) 設於陽臺等具安全且容易避難逃生構造處，其樓地板面積至少2平方公尺，並附設能內接直徑60公分以上之逃生孔。

(二) 固定梯之逃生孔應上下層交錯配置，不得在同一直線上。

三、懸吊型梯應符合下列規定：

(一) 懸吊型梯固定架設在使用場所之柱、地板、樑或其他構造上較堅固及容易裝設處所。但懸吊型固定梯能直接懸掛於堅固之窗臺等處所時，得免設固定架。

(二) 懸吊型梯橫桿在使用時，與使用場所牆面保持10公分以上之距離。

第172條 ☆☆☆ ▢check

滑杆及避難繩索，依下列規定設置：

一、長度以其裝置位置至地面或其他下降地點之等距離長度為準。

二、滑杆上端與下端應能固定。

三、固定架，依前條第三款第一目之規定設置。

第173條 ☆☆☆ ▢check

供緩降機或救助袋使用之支固器具及供懸吊型梯、滑杆或避難繩索使用之固定架，應使用符合CNS 2473、4435規定或具有同等以上強度及耐久性之材料，並應施予耐腐蝕加工處理。

第174條 ☆☆☆ ▢check

固定架或支固器具使用螺栓固定時，依下列規定：

一、使用錨定螺栓。

二、螺栓埋入混凝土內不含灰漿部分之深度及轉矩值，依下表規定。

螺紋標稱	埋入深度(mm)	轉矩值(kgf-cm)
M10×1.5	45 以上	150 至 250
M12×1.75	60 以上	300 至 450
M16×2	70 以上	60 至 850

第三節　緊急照明設備

第175條 ★☆☆ ▢check

緊急照明燈之構造，依下列規定設置：

一、白熾燈為雙重繞燈絲燈泡，其燈座為瓷製或與瓷質同等以上之耐熱絕緣材料製成者。

二、日光燈為瞬時起動型，其燈座為耐熱絕緣樹脂製成者。

三、水銀燈為高壓瞬時點燈型，其燈座為瓷製或與瓷質同等以上之耐熱絕緣材料製成者。

四、其他光源具有與前三款同等耐熱絕緣性及瞬時點燈之特性，經中央主管機關核准者。

五、放電燈之安定器，裝設於耐熱性外箱。

第176條 ☆☆☆ ▢check

緊急照明設備除內置蓄電池式外，其配線依下列規定：

一、照明器具直接連接於分路配線，不得裝置插座或開關等。

二、緊急照明燈之電源回路，其配線依第二百三十五條規定施予耐燃保護。但天花板及其底材使用不燃材料時，得施予耐熱保護。

第177條 緊急照明設備應連接緊急電源。前項緊急電源應使用蓄電池設備，其容量應能使其持續動作30分鐘以上。但採蓄電池設備與緊急發電機併設方式時，其容量應能使其持續動作分別為10分鐘及30分鐘以上。

check

第178條 緊急照明燈在地面之水平面照度，使用低照度測定用光電管照度計測得之值，在地下建築物之地下通道，其地板面應在10勒克司(Lux)以上，其他場所應在2勒克司(Lux)以上。但在走廊曲折點處，應增設緊急照明燈。

check

第179條 下列處所得免設緊急照明設備：

check

一、在避難層，由居室任一點至通往屋外出口之步行距離在30公尺以下之居室。
二、具有效採光，且直接面向室外之通道或走廊。
三、集合住宅之居室。
四、保齡球館球道以防煙區劃之部分。

五、工作場所中，設有固定機械或裝置之部分。

六、洗手間、浴室、盥洗室、儲藏室或機械室。

第四章 消防搶救上之必要設備

第一節 連結送水管

第180條 ★★★ ▢check

出水口及送水口，依下列規定設置：

一、出水口設於地下建築物各層或建築物第3層以上各層樓梯間或緊急升降機間等(含該處5公尺以內之處所)消防人員易於施行救火之位置，且各層任一點至出水口之水平距離在50公尺以下。

二、出水口為雙口形，接裝口徑63毫米快速接頭，距樓地板面之高度在0.5公尺以上1.5公尺以下，並設於厚度在1.6毫米以上之鋼板或同等性能以上之不燃材料製箱內，其箱面短邊在40公分以上，長邊在50公分以上，並標明出水口字樣，每字在20平方公分以上。但設於第10層以下之樓層，得用單口形。

三、在屋頂上適當位置至少設置一個測試用出水口。

四、送水口設於消防車易於接近，且無送水障礙處，其數量在立管數以上。

五、送水口為雙口形，接裝口徑63毫米陰式快速接頭，距基地地面之高度在1公尺以下0.5公尺以上，且標明連結送水管送水口字樣。

六、送水口在其附近便於檢查確認處，裝設逆止閥及止水閥。

第181條 ★★★ ▢check

配管，依下列規定設置：

一、應為專用，其立管管徑在100毫米以上。但建築物高度在50公尺以下時，得與室內消防栓共用立管，其管徑在100毫米以上，支管管徑在65毫米以上。

二、符合CNS 6445、4626規定或具有同等以上強度、耐腐蝕性及耐熱性者。但其送水設計壓力逾每平方公分10公斤時，應使用符合CNS 4626管號SCH40以上或具有同等以上強度、耐腐蝕性及耐熱性之配管。

三、同一建築物內裝置**2**支以上立管時，立管間以橫管連通。

四、管徑依水力計算配置之。

五、能承受送水設計壓力**1.5**倍以上之水壓，且持續**30**分鐘。但設有中繼幫浦時，幫浦二次側配管，應能承受幫浦全閉揚程**1.5**倍以上之水壓。

第182條 ★☆☆ ▢check

11層以上之樓層，各層應於距出水口**5**公尺範圍內設置水帶箱，箱內備有直線水霧兩用瞄子1具，長**20**公尺水帶2條以上，且具有足夠裝置水帶及瞄子之深度，其箱面表面積應在**0.8**平方公尺以上，並標明水帶箱字樣，每字應在**20**平方公分以上。

前項水帶箱之材質應為厚度在**1.6**毫米以上之鋼板或同等性能以上之不燃材料。

第183條
★☆☆
▢check

建築物高度超過60公尺者，連結送水管應採用濕式，其中繼幫浦，依下列規定設置：

一、中繼幫浦全揚程在下列計算值以上：
全揚程＝消防水帶摩擦損失水頭＋配管摩擦損失水頭＋落差＋放水壓力
H＝h1+h2+h3+60m

二、中繼幫浦出水量在每分鐘2400公升以上。

三、於送水口附近設手動啟動裝置及紅色啟動表示燈。但設有能由防災中心遙控啟動，且送水口與防災中心間設有通話裝置者，得免設。

四、中繼幫浦一次側設出水口、止水閥及壓力調整閥，並附設旁通管，二次側設逆止閥、止水閥及送水口。

五、屋頂水箱有0.5立方公尺以上容量，中繼水箱有2.5立方公尺以上。

六、進水側配管及出水側配管間設旁通管，並於旁通管設逆止閥。

七、全閉揚程與押入揚程合計在170公尺以上時，增設幫浦使串聯運轉。

八、設置中繼幫浦之機械室及連結送水管送水口處，設有能與防災中心通話之裝置。

九、中繼幫浦放水測試時，應從送水口以送水設計壓力送水，並以口徑21毫米瞄子在最頂層測試，其放水壓力在每平方公分6公斤以上或0.6MPa以上，且放水量在每分鐘600公升以上，送水設計壓力，依下圖標明於送水口附近明顯易見處。

第184條
★★☆
▢check

送水設計壓力，依下列規定計算：

一、送水設計壓力在下列計算值以上：

送水設計壓力＝配管摩擦損失水頭＋消防水帶摩擦損失水頭＋落差＋放水壓力

H=h1+h2+h3+60m

二、消防水帶摩擦損失水頭為4公尺。

三、立管水量，最上層與其直下層間為每分鐘1200公升，其他樓層為每分鐘2400公升。
四、每一線瞄子支管之水量為每分鐘600公升。

第二節　消防專用蓄水池

第185條 ★★★ ▢check

消防專用蓄水池，依下列規定設置：
一、蓄水池有效水量應符合下列規定設置：
(一) 依第二十七條第一款及第三款設置者，其第1層及第2層樓地板面積合計後，每7500平方公尺(包括未滿)設置20立方公尺以上。
(二) 依第二十七條第二款設置者，其總樓地板面積每12500平方公尺(包括未滿)設置20立方公尺以上。
二、任一消防專用蓄水池至建築物各部分之水平距離在100公尺以下，且其有效水量在20立方公尺以上。

三、設於消防車能接近至其2公尺範圍內，易於抽取處。

四、有進水管投入後，能有效抽取所需水量之構造。

五、依下列規定設置投入孔或採水口。

(一) 投入孔為邊長60公分以上之正方形或直徑60公分以上之圓孔，並設鐵蓋保護之。水量未滿80立方公尺者，設1個以上；80立方公尺以上者，設2個以上。

(二) 採水口為口徑100毫米，並接裝陽式螺牙。水量20立方公尺以上，設1個以上；40立方公尺以上至120立方公尺未滿，設2個以上；120立方公尺以上，設3個以上。採水口配管口徑至少100毫米以上，距離基地地面之高度在1公尺以下0.5公尺以上。

前項有效水量，指蓄水池深度在基地地面下4.5公尺範圍內之水量。但採機械方式引水時，不在此限。

第186條 ☆☆☆ ▢check

消防專用蓄水池採機械方式引水時，除依前條第一項第一款及第二款後段規定外，任一採水口至建築物各部分之水平距離在100公尺以下，並依下列規定設置加壓送水裝置及採水口：

一、加壓送水裝置出水量及採水口數，符合下表之規定。

水量(m^3)	出水量(1/min)	採水口數(個)
40未滿	1100	1
40以上120未滿	2200	2
120以上	3300	3

二、加壓送水裝置幫浦全揚程在下列計算方式之計算值以上：全揚程＝落差＋配管摩擦損失水頭＋15mH = h1+h2+15m

三、加壓送水裝置應於採水口附近設啟動裝置及紅色啟動表示燈。但設有能由防災中心遙控啟動，且採水口與防災中心間設有通話連絡裝置者，不在此限。

四、採水口接裝63毫米陽式快接頭，距離基地地面之高度在1公尺以下0.5公尺以上。

第187條 ☆☆☆ ▢check

消防專用蓄水池之標示，依下列規定設置：

一、進水管投入孔標明消防專用蓄水池字樣。

二、採水口標明採水口或消防專用蓄水池採水口字樣。

第三節　排煙設備

第188條 ★★★ ▢check

第二十八條第一項第一款至第四款排煙設備，依下列規定設置：

一、每層樓地板面積每500平方公尺內，以防煙壁區劃。但戲院、電影院、歌廳、集會堂等場所觀眾席，及工廠等類似建築物，其天花板高度在5公尺以上，且天花板及室內牆面以耐燃1級材料裝修者，不在此限。

二、地下建築物之地下通道每300平方公尺應以防煙壁區劃。

三、依第一款、第二款區劃(以下稱為防煙區劃)之範圍內，任一位置至排煙口之水平距離在30公尺以下，排煙口設於天花板或其下方80公分範圍內，除直接面向戶外，應與排煙風管連接。但排煙口設在天花板下方，防煙壁下垂高度未達80公分時，排煙口應設在該防煙壁之下垂高度內。

四、排煙設備之排煙口、風管及其他與煙接觸部分應使用不燃材料。

五、排煙風管貫穿防火區劃時，應在貫穿處設防火閘門；該風管與貫穿部位合成之構造應具所貫穿構造之防火時效；其跨樓層設置時，立管應置於防火區劃之管道間。但設置之風管具防火性能並經中央主管機關審核認可，該風管與貫穿部位合成之構造具所貫穿構造之防火時效者，不在此限。

六、排煙口設手動開關裝置及探測器連動自動開關裝置；以該等裝置或遠隔操作開關裝置開啟，平時保持關閉狀態，開口葉片之構造應不受開啟時所生氣流之影響而關閉。手動開關裝置用手操作部分應設於距離樓地板面80公分以上150公分以下之牆面，裝置於天花板時，應設操作垂鍊或垂桿在距離樓地板180公分之位置，並標示簡易之操作方式。

七、排煙口之開口面積在防煙區劃面積之2%以上，且以自然方式直接排至戶外。排煙口無法以自然方式直接排至戶外時，應設排煙機。

八、排煙機應隨任一排煙口之開啟而動作。排煙機之排煙量在每分鐘120立方公尺以上；且在一防煙區劃時，在該防煙區劃面積每平方公尺每分鐘1立方公尺以上；在二區以上之防煙區劃時，在最大防煙區劃面積每平方公尺每分鐘2立方公尺以上。但地下建築物之地下通道，其總排煙量應在每分鐘600立方公尺以上。

九、連接緊急電源，其供電容量應供其有效動作30分鐘以上。

十、排煙口直接面向戶外且常時開啟者，得不受第六款及前款之限制。

十一、排煙口開啟時應連動停止空氣調節及通風設備運轉。

前項之防煙壁，指以不燃材料建造，自天花板下垂50公分以上之垂壁或具有同等以上阻止煙流動構造者。但地下建築物之地下通道，防煙壁應自天花板下垂80公分以上。

第189條 ★★★ ▢check

特別安全梯或緊急昇降機間排煙室之排煙設備，依下列規定選擇設置：

一、設置直接面向戶外之窗戶時，應符合下列規定：

(一) 在排煙時窗戶與煙接觸部分使用不燃材料。

(二) 窗戶有效開口面積位於天花板高度1/2以上之範圍內。

(三) 窗戶之有效開口面積在2平方公尺以上。但特別安全梯排煙室與緊急昇降機間兼用時(以下簡稱兼用)，應在3平方公尺以上。

(四) 前目平時關閉之窗戶設手動開關裝置，其操作部分設於距離樓地板面80公分以上150公分以下之牆面，並標示簡易之操作方式。

二、設置排煙、進風風管時，應符合下列規定：

(一) 排煙設備之排煙口、排煙風管、進風口、進風風管及其他與煙接觸部分應使用不燃材料。

(二) 排煙、進風風管貫穿防火區劃時，應在貫穿處設防火閘門；該風管與貫穿部位合成之構造應具所貫穿構造之防火時效；其跨樓層設置時，立管應置於防火區劃之管道間。但設置之風管具防火性能並經中央主管機關認可，該風管與貫穿部位合成之構造具所貫穿構造之防火時效者，不在此限。

(三) 排煙口位於天花板高度**1/2**以上之範圍內，與直接連通戶外之排煙風管連接，該風管並連接排煙機。進風口位於天花板高度1/2以下之範圍內；其直接面向戶外，開口面積在**1**平方公尺(兼用時，為**1.5**平方公尺)以上；或與直接連通戶外之進風風管連接，該風管並連接進風機。

(四) 排煙機、進風機之排煙量、進風量在每秒**4**立方公尺(兼用時，每秒**6**立方公尺)以上，且可隨排煙口、進風口開啟而自動啟動。

(五) 進風口、排煙口依前款第四目設手動開關裝置及探測器連動自動開關裝置；除以該等裝置或遠隔操作開關裝置開啟外，平時保持關閉狀態，開口葉片之構造應不受開啟時所生氣流之影響而關閉。

(六) 排煙口、進風口、排煙機及進風機連接緊急電源，其供電容量應供其有效動作**30**分鐘以上。

第190條 NEW ★★☆ ▢check

下列處所得免設排煙設備：

一、建築物在第**10**層以下之各樓層(地下層除外)，其非居室部分，符合下列規定之一者：

(一) 天花板及室內牆面，以耐燃**1**級材料裝修，且除面向室外之開口外，以半小時以上防火時效之防火門窗等防火設備區劃。

(二) 樓地板面積每100平方公尺以下，以防煙壁區劃。

二、建築物在第10層以下之各樓層(地下層除外)，其居室部分，符合下列規定之一者：

(一) 樓地板面積每100平方公尺以下，以具1小時以上防火時效之牆壁、防火門窗等防火設備及各該樓層防火構造之樓地板形成區劃，且天花板及室內牆面，以耐燃1級材料裝修。

(二) 樓地板面積在100平方公尺以下，天花板及室內牆面，且包括其底材，均以耐燃1級材料裝修。

三、建築物在第11層以上之各樓層、地下層或地下建築物(地下層或地下建築物之甲類場所除外)，樓地板面積每100平方公尺以下，以具1小時以上防火時效之牆壁、防火門窗等防火設備及各該樓層防火構造之樓地板形成區劃間隔，且天花板及室內牆面，以耐燃1級材料裝修者。

四、樓梯間、昇降機昇降路、管道間、儲藏室、洗手間、廁所及其他類似部分。

五、設有二氧化碳、惰性氣體、鹵化烴或乾粉等自動滅火設備之場所。

六、機器製造工廠、儲放不燃性物品倉庫及其他類似用途建築物，且主要構造為不燃材料建造者。

七、集合住宅、學校教室、學校活動中心、體育館、室內溜冰場、室內游泳池。

八、其他經中央主管機關核定之場所。

前項第一款第一目之防火門窗等防火設備應具半小時以上之阻熱性，第二款第一目及第三款之防火門窗等防火設備應具1小時以上之阻熱性。

第四節　緊急電源插座

第191條 緊急電源插座，依下列規定設置：

一、緊急電源插座裝設於樓梯間或緊急昇降機間等(含各該處五公尺以內之場所)消防人員易於施行救火處，且每一層任何一處至插座之水平距離在**50**公尺以下。

二、緊急電源插座之電流供應容量為交流**單相110伏特**(或120伏特)**15**安培，其容量約為**1.5**瓩以上。

三、緊急電源插座之規範，依下圖規定。

四、緊急電源插座為接地型，裝設高度距離樓地板**1**公尺以上**1.5**公尺以下，且裝設二個於符合下列規定之崁裝式保護箱：

(一) 保護箱長邊及短邊分別為**25**公分及**20**公分以上。

(二) 保護箱為厚度在**1.6**毫米以上之鋼板或具同等性能以上之不燃材料製。

(三) 保護箱內有防止插頭脫落之適當裝置(L型或C型護鉤)。

(四) 保護箱蓋為易於開閉之構造。

(五) 保護箱須接地。

(六) 保護箱蓋標示緊急電源插座字樣，每字在2平方公分以上。

(七) 保護箱與室內消防栓箱等併設時，須設於上方且保護箱蓋須能另外開啟。

五、緊急電源插座在保護箱上方設紅色表示燈。

六、應從主配電盤設專用回路，各層至少設2回路以上之供電線路，且每一回路之連接插座數在10個以下。(每回路電線容量在2個插座同時使用之容量以上)。

七、前款之專用回路不得設漏電斷路器。

八、各插座設容量110伏特、15安培以上之無熔絲斷路器。

九、緊急用電源插座連接至緊急供電系統。

第五節　無線電通信輔助設備及防災監控系統綜合操作裝置

第192條 ☆☆☆ ▢check

無線電通信輔助設備，依下列規定設置：

一、無線電通信輔助設備使用洩波同軸電纜，該電纜適合傳送或輻射**150百萬赫(MHz)**或中央主管機關指定之周波數。

二、洩波同軸電纜之標稱阻抗為**50**歐姆。

三、洩波同軸電纜經耐燃處理。

四、分配器、混合器、分波器及其他類似器具，應使用介入衰耗少，且接頭部分有適當防水措施者。

五、設增幅器時，該增幅器之緊急電源，應使用蓄電池設備，其能量能使其有效動作**30**分鐘以上。

六、無線電之接頭應符合下列規定：

(一) 設於地面消防人員便於取用處及值日室等平時有人之處所。
(二) 前目設於地面之接頭數量，在任一出入口與其他出入口之步行距離大於**300**公尺時，設置**2**個以上。
(三) 設於距樓地板面或基地地面高度**0.8**公尺至**1.5**公尺間。
(四) 裝設於保護箱內，箱內設長度**2**公尺以上之射頻電纜，保護箱應構造堅固，有防水及防塵措施，其箱面應漆紅色，並標明消防隊專用無線電接頭字樣。

共構之建築物內有二處以上場所設置無線電通信輔助設備時，應有能使該設備訊號連通之措施。

第192-1條 ★☆☆ ▢check

防災監控系統綜合操作裝置應設置於防災中心、中央管理室或值日室等經常有人之處所，並監控或操作下列消防安全設備：

一、火警自動警報設備之受信總機。
二、瓦斯漏氣火警自動警報設備之受信總機。
三、緊急廣播設備之擴大機及操作裝置。
四、連結送水管之加壓送水裝置及與其送水口處之通話連絡。
五、緊急發電機。
六、常開式防火門之偵煙型探測器。
七、室內消防栓、自動撒水、泡沫及水霧等滅火設備加壓送水裝置。
八、乾粉、惰性氣體及鹵化烴等滅火設備。
九、排煙設備。

防災監控系統綜合操作裝置之緊急電源準用第三十八條規定，且其供電容量應供其有效動作**2**小時以上。

第四編　公共危險物品等場所消防設計及消防安全設備

第一章　消防設計

第193條
☆☆☆
▢check

適用本編規定之場所(以下簡稱公共危險物品等場所)如下：

一、公共危險物品及可燃性高壓氣體製造儲存處理場所設置標準暨安全管理辦法規定之場所。

二、加油站。

三、加氣站。

四、天然氣儲槽及可燃性高壓氣體儲槽。

五、爆竹煙火製造、儲存及販賣場所。

第194條
★☆☆
▢check

顯著滅火困難場所，指公共危險物品等場所符合下列規定之一者：

一、公共危險物品製造場所或一般處理場所符合下列規定之一：

(一) 總樓地板面積在**1000**平方公尺以上。

(二) 公共危險物品數量達管制量100倍以上。但第一類公共危險物品之氯酸鹽類、過氯酸鹽類、硝酸鹽類、第二類公共危險物品之硫磺、鐵粉、金屬粉、鎂、第五類公共危險物品之硝酸酯類、硝基化合物、金屬疊氮化合物，或含有以上任一種成分之物品且供作爆炸物原料使用，或高閃火點物品其操作溫度未滿攝氏100度者，不列入管制量計算。

(三) 製造或處理設備高於地面6公尺以上。但高閃火點物品其操作溫度未滿攝氏100度者，不在此限。

(四) 建築物除供一般處理場所使用以外，尚有其他用途。但以無開口且具1小時以上防火時效之牆壁、樓地板區劃分隔者，或處理高閃火點物品其操作溫度未滿攝氏100度者，不在此限。

二、室內儲存場所符合下列規定之一：

(一) 儲存公共危險物品達管制量150倍以上。但第一類公共危險物品之氯酸鹽類、過氯酸鹽類、硝酸鹽類、第二類公共危險物品之硫磺、鐵粉、金屬粉、鎂、第五類公共危險物品之硝酸酯類、硝基化合物、金屬疊氮化合物，或含有以上任一種成分之物品且供作爆炸物原料使用，或高閃火點物品者，不列入管制量計算。

(二) 儲存第一類、第三類、第五類或第六類公共危險物品，其總樓地板面積在150平方公尺以上。但每150平方公尺內，以無開口且具半小時以上防火時效之牆壁、樓地板區劃分隔者，不在此限。

(三) 儲存第二類公共危險物品之易燃性固體或第四類公共危險物品閃火點未滿攝氏70度，其總樓地板面積在150平方公尺以上。但每150平方公尺內，以無開口且具1小時以上防火時效之牆壁、樓地板區劃分隔者，不在此限。

(四) 儲存第一類、第三類、第五類或第六類公共危險物品，其建築物除供室內儲存場所使用以外，尚有其他用途。但以無開口且具1小時以上防火時效之牆壁、樓地板區劃分隔者，不在此限。

(五) 儲存第二類公共危險物品之易燃性固體或第四類公共危險物品閃火點未滿攝氏70度，其建築物除供室內儲存場所使用以外，尚有其他用途。但以無開口且具1小時以上防火時效之牆壁、樓地板區劃分隔者，不在此限。

(六) 高度在6公尺以上之一層建築物。

三、室外儲存場所儲存塊狀硫磺，其面積在100平方公尺以上。

四、室內儲槽場所符合下列規定之一。但儲存高閃火點物品或第六類公共危險物品，其操作溫度未滿攝氏100度者，不在此限：

(一) 儲槽儲存液體表面積在40平方公尺以上。

(二) 儲槽高度在6公尺以上。

(三) 儲存閃火點在攝氏40度以上未滿攝氏70度之公共危險物品，其儲槽專用室設於一層以外之建築物。但以無開口且具1小時以上防火時效之牆壁、樓地板區劃分隔者，不在此限。

五、室外儲槽場所符合下列規定之一。但儲存高閃火點物品或第六類公共危險物品，其操作溫度未滿攝氏100度者，不在此限：

(一) 儲槽儲存液體表面積在40平方公尺以上。

(二) 儲槽高度在6公尺以上。

(三) 儲存固體公共危險物品，其儲存數量達管制量100倍以上。

六、室內加油站一面開放且其上方樓層供其他用途使用。

第195條 NEW ★★☆ ▢check

一般滅火困難場所，指公共危險物品等場所符合下列規定之一者：

一、公共危險物品製造場所或一般處理場所符合下列規定之一：

(一) 總樓地板面積在600平方公尺以上未滿1000平方公尺。

(二) 公共危險物品數量達管制量10倍以上未滿100

倍。但處理第一類公共危險物品之氯酸鹽類、過氯酸鹽類、硝酸鹽類、第二類公共危險物品之硫磺、鐵粉、金屬粉、鎂、第五類公共危險物品之硝酸酯類、硝基化合物、金屬疊氮化合物，或含有以上任一種成分之物品且供作爆炸物原料使用，或高閃火點物品其操作溫度未滿攝氏100度者，不列入管制量計算。

(三) 未達前條第一款規定，而供作噴漆、塗裝、印刷、清洗、淬火、鍋爐、油壓、切削、研磨或熱媒油循環設備作業場所。但處理高閃火點物品或第六類公共危險物品，其操作溫度未滿攝氏100度者，不在此限。

二、室內儲存場所符合下列規定之一：

(一) 1層建築物以外。

(二) 儲存公共危險物品數量達管制量10倍以上未滿150倍。但儲存第一類公共危險物品之氯酸鹽類、過氯酸鹽類、硝酸鹽類、第二類公共危險物品之硫磺、鐵粉、金屬粉、鎂、第五類公共危險物品之硝酸酯類、硝基化合物、金屬疊氮化合物，或含有以上任一種成分之物品且供作爆炸物原料使用，或高閃火點物品者，不列入管制量計算。

(三) 總樓地板面積在150平方公尺以上。

三、室外儲存場所符合下列規定之一：

(一) 儲存塊狀硫磺，其面積在5平方公尺以上，未滿100平方公尺。

（二）儲存公共危險物品管制量在100倍以上。但其為塊狀硫磺或高閃火點物品者，不在此限。

四、室內儲槽場所或室外儲槽場所未達顯著滅火困難場所規定。但儲存第六類公共危險物品或高閃火點物品者，不在此限。

五、第二種販賣場所。

六、室內加油站未達顯著滅火困難場所。

第196條 ☆☆☆ ▢check

其他滅火困難場所，指室外加油站、未達顯著滅火困難場所或一般滅火困難場所者。

第197條 NEW ★★★ ▢check

公共危險物品等場所之滅火設備分類如下：

一、第一種滅火設備：指室內或室外消防栓設備。

二、第二種滅火設備：指自動撒水設備。

三、第三種滅火設備：指水霧、泡沫、二氧化碳、惰性氣體、鹵化烴或乾粉滅火設備。

四、第四種滅火設備：指大型滅火器。
五、第五種滅火設備：指滅火器、水桶、水槽、乾燥砂、膨脹蛭石或膨脹珍珠岩。

可燃性高壓氣體製造場所、加氣站、天然氣儲槽及可燃性高壓氣體儲槽之防護設備分類如下：
一、冷卻撒水設備。
二、射水設備：指固定式射水槍、移動式射水槍或室外消防栓。

第198條 NEW ☆☆☆ ▢check

公共危險物品製造、儲存或處理場所及爆竹煙火場所，應依下表選擇適當之滅火設備。

防護對象＼滅火設備			第一種	第二種	第三種								第四種									第五種											
			室內或室外消防栓	自動撒水設備	水霧滅火設備	泡沫滅火設備	二氧化碳滅火設備	惰性氣體滅火設備	鹵化烴滅火設備	乾粉滅火設備			大型滅火器									滅火器									水桶或水槽	乾燥砂	膨脹蛭石或膨脹珍珠岩
										磷酸鹽類等	碳酸鹽類等	其他	柱狀水滅火器	霧狀水滅火器	柱狀強化液滅火器	霧狀強化液滅火器	泡沫滅火器	二氧化碳滅火器	乾粉滅火器 磷酸鹽類等	乾粉滅火器 碳酸鹽類等	乾粉滅火器 其他	柱狀水滅火器	霧狀水滅火器	柱狀強化液滅火器	霧狀強化液滅火器	泡沫滅火器	二氧化碳滅火器	乾粉滅火器 磷酸鹽類等	乾粉滅火器 碳酸鹽類等	乾粉滅火器 其他			
區分	建築物及附屬設施		○	○	○	○				○			○	○	○	○	○		○			○	○	○	○	○		○			○		
	電氣設備				○		○	○	○	○	○			○		○		○	○	○			○		○		○	○	○				
	第一類公共危險物品	鹼金屬過氧化物									○	○								○	○								○	○		○	○
		其他第一類公共危險物品	○	○	○	○				○			○	○	○	○	○		○			○	○	○	○	○		○			○	○	○
	第二類公共危險物品	鐵粉、金屬粉、鎂									○	○								○	○								○	○		○	○
		易燃性固體	○	○	○	○	○	○	○	○	○		○	○	○	○	○	○	○	○		○	○	○	○	○	○	○	○		○	○	○
		其他第二類公共危險物品	○	○	○	○				○			○	○	○	○	○		○			○	○	○	○	○		○			○	○	○
	第三類公共危險物品	禁水性物質									○	○								○	○								○	○		○	○
		其他第三類公共危險物品	○	○	○	○							○	○	○	○	○					○	○	○	○	○					○	○	○
	第四類公共危險物品			Δ	○	○	○	○	○	○	○					○	○	○	○	○					○	○	○	○	○			○	○
	第五類公共危險物品		○	○	○	○							○	○	○	○	○					○	○	○	○	○					○	○	○
	第六類公共危險物品		○	○	○	○				○			○	○	○	○	○		○			○	○	○	○	○		○			○	○	○
	爆竹煙火		○	○	○	○							○	○	○	○	○					○	○	○	○	○					○	○	○

備註

一、本表中「○」標示代表可選設該項滅火設備；「Δ」標示代表電子工業（指積體電路製造業、半導體封裝及測試業、液晶面板及組件製造業、發光二極體製造業、太陽能電池製造業及其他經中央主管機關認定之業別）可選設該項滅火設備。

二、大型滅火器之藥劑數量應符合相關滅火器認可規範。

三、磷酸鹽類等為磷酸鹽類、硫酸鹽類及其他含有防焰性藥劑。

四、碳酸鹽類等為碳酸鹽類及碳酸鹽類與尿素反應生成物。

五、惰性氣體滅火設備限 IG-100、IG-55、IG-541 滅火設備；鹵化烴滅火設備限 HFC-23、HFC-227ea 滅火設備。

六、製造、儲存或處理汽油、煤油、輕油或重油之公共危險物品場所，選設 IG-100、IG-55、IG-541、HFC-23 或 HFC-227ea 滅火設備時，防護區域體積應未滿一千立方公尺。

第199條 ☆☆☆ ▢check

設置第五種滅火設備者，應依下列規定核算其最低滅火效能值：

一、公共危險物品製造或處理場所之建築物，外牆為防火構造者，總樓地板面積每100平方公尺(含未滿)有1滅火效能值；外牆為非防火構造者，總樓地板面積每50平方公尺(含未滿)有1滅火效能值。

二、公共危險物品儲存場所之建築物，外牆為防火構造者，總樓地板面積每150平方公尺(含未滿)有1滅火效能值；外牆為非防火構造者，總樓地板面積每75平方公尺(含未滿)有1滅火效能值。

三、位於公共危險物品製造、儲存或處理場所之室外具有連帶使用關係之附屬設施，以該設施水平最大面積為其樓地板面積，準用前二款外牆為防火構造者，核算其滅火效能值。

四、公共危險物品每達管制量之10倍(含未滿)應有1滅火效能值。

第200條 ☆☆☆ ▢check

第五種滅火設備除滅火器外之其他設備，依下列規定核算滅火效能值：

一、8公升之消防專用水桶，每3個為1滅火效能值。

二、水槽每80公升為1.5滅火效能值。

三、乾燥砂每50公升為0.5滅火效能值。

四、膨脹蛭石或膨脹珍珠岩每160公升為1滅火效能值。

第201條 NEW ☆☆☆ ▢check

顯著滅火困難場所應依下表設置第一種、第二種或第三種滅火設備：

<table>
<tr><th colspan="2">場所類別</th><th>滅火設備</th></tr>
<tr><td colspan="2">公共危險物品製造場所及一般處理場所</td><td>設置第一種、第二種或第三種滅火設備。但火災時有充滿濃煙之虞者，不得使用第一種或第三種之移動式滅火設備</td></tr>
<tr><td rowspan="2">室內儲存場所</td><td>高度6公尺以上之1層建築物</td><td>第二種或移動式以外之第三種滅火設備</td></tr>
<tr><td>其他</td><td>第一種滅火設備之室外消防栓設備、第二種滅火設備、第三種移動式泡沫設備(限設置室外泡沫消防栓者)或移動式以外之第三種滅火設備</td></tr>
</table>

<table>
<tr><th colspan="2">場所類別</th><th>滅火設備</th></tr>
<tr><td colspan="2">室外儲存場所</td><td>設置第一種、第二種或第三種滅火設備。但火災時有充滿濃煙之虞者，不得使用第一種或第三種之移動式滅火設備</td></tr>
<tr><td rowspan="3">室內儲槽場所</td><td>儲存硫磺</td><td>第三種滅火設備之水霧滅火設備</td></tr>
<tr><td>儲存閃火點攝氏70度以上之第四類公共危險物品</td><td>第三種滅火設備之水霧滅火設備、固定式泡沫滅火設備或移動式以外二氧化碳、惰性氣體、鹵化烴或乾粉滅火設備</td></tr>
<tr><td>其他</td><td>第三種滅火設備之固定式泡沫滅火設備、移動式以外二氧化碳、惰性氣體、鹵化烴或乾粉滅火設備</td></tr>
<tr><td rowspan="3">室外儲槽場所</td><td>儲存硫磺</td><td>第三種滅火設備之水霧滅火設備</td></tr>
<tr><td>儲存閃火點攝氏70度以上之第四類公共危險物品</td><td>第三種滅火設備之水霧滅火設備或固定泡沫滅火設備</td></tr>
<tr><td>其他</td><td>第三種滅火設備之固定式泡沫滅火設備</td></tr>
<tr><td colspan="2">室內加油站</td><td>第三種滅火設備之固定式泡沫滅火設備</td></tr>
</table>

前項場所除下列情形外，並應設置第四種及第五種滅火設備：

一、製造及一般處理場所儲存或處理高閃火點物品之操作溫度未滿攝氏100度者，其設置之第一種、第二種或第三種滅火設備之有效範圍內，得免設第四種滅火設備。

二、儲存第四類公共危險物品之室外儲槽場所或室內儲槽場所，設置第五種滅火設備**2**具以上。
三、室內加油站應設置第五種滅火設備。

第202條
★☆☆
▢check

一般滅火困難場所，依下列設置滅火設備：
一、公共危險物品製造場所及一般處理場所、室內儲存場所、室外儲存場所、第二種販賣場所及室內加油站設置第四種及第五種滅火設備，其第五種滅火設備之滅火效能值，在該場所儲存或處理公共危險物品數量所核算之最低滅火效能值**1/5**以上。
二、室內及室外儲槽場所，設置第四種及第五種滅火設備各**1**具以上。

前項設第四種滅火設備之場所，設有第一種、第二種或第三種滅火設備時，在該設備有效防護範圍內，得免設。

第203條
☆☆☆
▢check

其他滅火困難場所，應設置第五種滅火設備，其滅火效能值應在該場所建築物與其附屬設施及其所儲存或處理公共危險物品數量所核算之最低滅火效能值以上。但該場所已設置第一種至第四種滅火設備之一時，在該設備有效防護範圍內，其滅火效能值得減至**1/5**以上。

地下儲槽場所，應設置第五種滅火設備**2具**以上。

第204條
☆☆☆
▢check

電氣設備使用之處所，**每100**平方公尺(含未滿)應設置第五種滅火設備1具以上。

第205條
★☆☆
▢check

下列場所應設置火警自動警報設備：

一、公共危險物品製造場所及一般處理場所符合下列規定之一者：

(一) 總樓地板面積在**500**平方公尺以上者。

(二) 室內儲存或處理公共危險物品數量達管制量**100**倍以上者。但處理操作溫度未滿攝氏100

度之高閃火點物品者，不在此限。

(三) 建築物除供一般處理場所使用外，尚供其他用途者。但以無開口且具1小時以上防火時效之牆壁、樓地板區劃分隔者，不在此限。

二、室內儲存場所符合下列規定之一者：

(一) 儲存或處理公共危險物品數量達管制量100倍以上者。但儲存或處理高閃火點物品，不在此限。

(二) 總樓地板面積在150平方公尺以上者。但每150平方公尺內以無開口且具1小時以上防火時效之牆壁、樓地板區劃分隔，或儲存、處理易燃性固體以外之第二類公共危險物品或閃火點在攝氏70度以上之第四類公共危險物品之場所，其總樓地板面積在500平方公尺以下者，不在此限。

(三) 建築物之一部分供作室內儲存場所使用者。但以無開口且具1小時以上防火時效之牆壁、樓地板區劃分隔者，或儲存、處理易燃性固體以外之第二類公共危險物品或閃火點在攝氏70度以上之第四類公共危險物品，不在此限。

(四) 高度在6公尺以上之1層建築物。

三、室內儲槽場所達顯著滅火困難者。

四、一面開放或上方有其他用途樓層之室內加油站。

前項以外之公共危險物品製造、儲存或處理場所儲存、處理公共危險物品數量達管制量10倍以上者，應設置手動報警設備或具同等功能之緊急通報裝置。但平日無作業人員者，不在此限。

第206條 ☆☆☆ ▢check

加油站所在建築物，其2樓以上供其他用途使用者，應設置標示設備。

第206-1條 ★☆☆ ▢check

下列爆竹煙火場所應設置第五種滅火設備：

一、爆竹煙火製造場所有火藥區之作業區或庫儲區。

二、達中央主管機關所定管制量以上之爆竹煙火儲存、販賣場所。

建築物供前項場所使用之樓地板面積合計在150平方公尺以上者，應設置第一種滅火設備之室外消防栓。但前項第二款規定之販賣場所，不在此限。

第207條 ☆☆☆ ▢check

可燃性高壓氣體製造、儲存或處理場所及加氣站、天然氣儲槽、可燃性高壓氣體儲槽，應設置滅火器。

第208條 ★☆☆ ▢check

下列場所應設置防護設備。但已設置水噴霧裝置者，得免設：

一、可燃性高壓氣體製造場所。

二、儲存可燃性高壓氣體或天然氣儲槽在3000公斤以上者。

三、氣槽車之卸收區。

四、加氣站之加氣車位、儲氣槽人孔、壓縮機、幫浦。

第二章 消防安全設備

第209條 ★☆☆ ▢check

室內消防栓設備，應符合下列規定：

一、設置第一種消防栓。

二、配管、試壓、室內消防栓箱、有效水量及加壓送水裝置之設置，準用第三十二條、第三十三條、第三十四條第一項第一款第三目、第二項、第三十五條、第三十六條第二項、第三項及第三十七條之規定。

三、所在建築物其各層任一點至消防栓接頭之水平距離在25公尺以下，且各層之出入口附近設置1支以上之室內消防栓。

四、任一樓層內，全部室內消防栓同時使用時，各消防栓瞄子放水壓力在每平方公分3.5公斤以上或0.35MPa以上；

放水量在每分鐘260公升以上。但全部消防栓數量超過5支時，以同時使用5支計算之。

五、水源容量在裝置室內消防栓最多樓層之全部消防栓繼續放水30分鐘之水量以上。但該樓層內，全部消防栓數量超過5支時，以5支計算之。

室內消防栓設備之緊急電源除準用第三十八條規定外，其供電容量應供其有效動作45分鐘以上。

第210條
☆☆☆
▢check

室外消防栓設備應符合下列規定：

一、配管、試壓、室外消防栓箱及有效水量之設置，準用第三十九條、第四十條第三款至第五款、第四十一條第二項、第三項之規定。

二、加壓送水裝置，除室外消防栓瞄子放水壓力超過每平方公分7公斤或0.7MPa時，應採取有效之減壓措施外，其設置準用第四十二條之規定。

三、口徑在63毫米以上，與防護對象外圍或外牆各部分之水平距離在40公尺以下，且設置2支以上。

四、採用鑄鐵管配管時，使用符合CNS 832規定之壓力管路鑄鐵管或具同等以上強度者，其標稱壓力在每平方公分16公斤以上或1.6MPa以上。

五、配管埋設於地下時，應採取有效防腐蝕措施。但使用鑄鐵管，不在此限。

六、全部室外消防栓同時使用時，各瞄子出水壓力在每平方公分3.5公斤以上或0.35MPa以上；放水量在每分鐘450公升以上。但全部室外消防栓數量超過4支時，以4支計算之。

七、水源容量在全部室外消防栓繼續放水30分鐘之水量以上。但設置個數超過四支時，以4支計算之。

室外消防栓設備之緊急電源除準用第三十八條規定外，其供電容量應供其有效動作45分鐘以上。

第211條 ★☆☆ ▢check

自動撒水設備，應符合下列規定：

一、配管、配件、屋頂水箱、試壓、撒水頭、放水量、流水檢知裝置、啟動裝置、一齊開放閥、末端查驗閥、加壓送水裝置及送水口之設置，準用第四十三條至第四十五條、第四十八條至第五十三條、第五十五條、第五十六條、第五十八條及第五十九條規定。

二、防護對象任一點至撒水頭之水平距離在**1.7**公尺以下。

三、開放式撒水設備，每一放水區域樓地板面積在**150**平方公尺以上。但防護對象樓地板面積未滿150平方公尺時，以實際樓地板面積計算。

四、水源容量，依下列規定設置：

(一) 使用密閉式撒水頭時，應在設置**30**個撒水頭繼續放水**30**分鐘之水量以上。但設置撒水頭數在30個以下者，以實際撒水頭數計算。

(二) 使用開放式撒水頭時，應在最大放水區域全部撒水頭，繼續放水30分鐘之水量以上。

(三) 前二目撒水頭數量，在使用密閉乾式或預動式流水檢知裝置時，應追加10個。

五、撒水頭位置之裝置，準用第四十七條規定。但存放易燃性物質處所，撒水頭迴水板下方90公分及水平方向30公分以內，應保持淨空間，不得有障礙物。

自動撒水設備之緊急電源除準用第三十八條規定外，其供電容量應供其有效動作45分鐘以上。

第212條 ★★☆ ▢check

水霧滅火設備，應符合下列規定：

一、水霧噴頭、配管、試壓、流水檢知裝置、啟動裝置、一齊開放閥及送水口設置規定，準用第六十一條、第六十二條、第六十六條及第六十七條規定。

二、放射區域，每一區域在150平方公尺以上，其防護對象之面積未滿150平方公尺者，以其實際面積計算之。

三、水源容量在最大放射區域，全部水霧噴頭繼續放水30分鐘之水量以上。其放射區域每平方公尺每分鐘放水量在20公升以上。

四、最大放射區域水霧噴頭同時放水時，各水霧噴頭之放射壓力在每平方公分3.5公斤以上或0.35MPa以上。

水霧滅火設備之緊急電源除準用第三十八條規定外，其供電容量應供其有效動作45分鐘以上。

第213條
☆☆☆
▢check

設於儲槽之固定式泡沫滅火設備，依下列規定設置：

一、泡沫放出口，依下表之規定設置，且以等間隔裝設在不因火災或地震可能造成損害之儲槽側板外圍上。

建築構造及泡沫放出口種類 / 儲槽直徑	泡沫放出口應設數量			
	固定頂儲槽		內浮頂儲槽	外浮頂儲槽
	I或II型	III或IV型	II型	特殊型
未達13公尺	1	1	2	2
13公尺以上未達19公尺			3	3
19公尺以上未達24公尺			4	4
24公尺以上未達35公尺	2	2	5	5
35公尺以上未達42公尺	3	3	6	6
42公尺以上未達46公尺	4	4	7	7
46公尺以上未達53公尺	5	6	7	7
53公尺以上未達60公尺	6	8	8	8
60公尺以上未達67公尺	8	10		9
67公尺以上未達73公尺	9	12		10
73公尺以上未達79公尺	11	14		11
79公尺以上未達85公尺	13	16		12
85公尺以上未達90公尺	14	18		12
90公尺以上未達95公尺	16	20		13
95公尺以上未達99公尺	17	22		13
99公尺以上	19	24		14

註：

一、各型泡沫放出口定義如左：

(一)Ⅰ型泡沫放出口：指由固定頂儲槽上部注入泡沫之放出口。該泡沫放出口設於儲槽側板上方，具有泡沫導管或滑道等附屬裝置，不使泡沫沉入液面下或攪動液面，而使泡沫在液面展開有效滅火，並且具有可以阻止儲槽內公共危險物品逆流之構造

(二)Ⅱ型泡沫放出口：指由固定頂或儲槽之上部注入泡沫之放出口。在泡沫放出口上附設泡沫反射板可以使放出之泡沫能沿著儲槽之側板內面流下，又不使泡沫沉入液面下或攪動液面，可在液面展開有效滅火，並且具有可以阻止槽內公共危險物品逆流之構造。

(三)特殊型泡沫放出口：指供外浮頂儲槽上部注入泡沫之放出口，於該泡沫放出口附設有泡沫反射板，可以將泡沫注入於儲槽側板與泡沫隔板所形成之環狀部分。該泡沫隔板係指在浮頂之上方設有高度在0.3公尺以上，且距離儲槽內側在0.3公尺以上鋼製隔板，具可以阻止放出之泡沫外流，且視該儲槽設置地區預期之最大降雨量，設有可充分排水之排水口之構造者為限。

(四)Ⅲ型泡沫放出口：指供固定頂儲槽槽底注入泡沫法之放出口，該泡沫放出口由泡沫輸送管(具有可以阻止儲槽內之公共危險物品由該配管逆流之構造或機械)，將發泡器或泡沫發生機所發生之泡沫予以輸送注入儲槽內，並由泡沫放出口放出泡沫。

(五)Ⅳ型泡沫放出口：指供固定頂儲槽槽底注入泡沫法之放出口，將泡沫輸送管末端與平時設在儲槽液面下底部之存放筒(包括具有在送入泡沫時可以很容易脫開之蓋者。)所存放之特殊軟管等相連接，於送入泡沫時可使特殊軟管等伸直，使特殊軟管等之前端到達液面而放出泡沫。

二、特殊型泡沫放出口使用安裝在浮頂上方者，得免附設泡沫反射板。

三、本表之Ⅲ型泡沫放出口，限於處理或儲存在攝氏20度時100公克中水中溶解量未達1公克之公共危險物品，(以下稱「不溶性物質」)及儲存溫度在攝氏50度以下或動粘度在100cst以下之公共危險物品儲槽使用。

四、內浮頂儲槽浮頂採用鋼製雙層甲板(Double deck)或鋼製浮筒式(Pantoon)甲板，其泡沫系統之泡沫放出口種類及數量，得比照外浮頂儲槽設置。

二、儲槽儲存不溶性之第四類公共危險物品時，依前款所設之泡沫放出口，並就下表所列公共危險物品及泡沫放出口種類，以泡沫水溶液量乘以該儲槽液面積所得之量，能有效放射，且在同表所規定之放出率以上。

泡沫放出口種類 \ 儲存公共危險物品種類	I型		II型		特殊型		III型		IV型	
	泡沫水溶液量	放出率	泡沫水溶液量	放出率	泡沫水溶液量	放出率	泡沫水溶液量	放出率	泡沫水溶液量	放出率
閃火點未達21°C之第四類公共危險物品	120	4	220	4	240	8	220	4	220	4
閃火點在21°C以上未達70°C之第四類公共危險物品	80	4	120	4	160	8	120	4	120	4
閃火點在70°C以上之第四類公共危險物品	60	4	100	4	120	8	100	4	100	4

註：泡沫水溶液量單位 ℓ/m²，放出率單位 ℓ/min m²

三、儲槽儲存非不溶性之第四類公共危險物品時，應使用耐酒精型泡沫，其泡沫放出口之泡沫水溶液量及放出率，依下表規定：

Ⅰ型		Ⅱ型		特殊型		Ⅲ型		Ⅳ型	
泡沫水溶液量	放出率	泡沫水溶液量	放出率	泡沫水溶液量	放出率	泡沫水溶液量	放出率	泡沫水溶液量	放出率
160	8	240	8	—	—	—	—	240	8
註： 一、使用耐酒精型泡沫能有效滅火時，其泡沫放出口之泡沫水溶液量及放出率，得依廠商提示值核計 二、泡沫水溶液量單位 ℓ/m²，放出率單位 ℓ/min m²。									

四、前款並依下表公共危險物品種類乘以所規定的係數值。但未表列之物質，依中央主管機關認可之試驗方法求其係數。

第四類公共危險物品種類		係數
類別	詳細分類	
醇類	甲醇、3-甲基-2-丁醇、乙醇、烯丙醇、1-戊醇、2-戊醇、第三戊醇(2-甲基-2-丁醇)、異戊醇、1-己醇、環己醇、糠醇、苯甲醇、丙二醇、乙二醇(甘醇)、二甘醇、二丙二醇、甘油	1.0
	2-丙醇、1-丙醇、異丁醇、1-丁醇、2-丁醇	1.25
	第三丁醇	2.0
醚類	異丙醚、乙二醇乙醚(2-羥基乙醚)、乙二醇甲醚、二甘醇乙醚、二甲醇甲醚	1.25
	1,4二氧雜環己烷	1.5
	乙醚、乙縮醛(1,1-雙乙氧基乙烷)、乙基丙基醚、四氫呋喃、異丁基乙烯醚、乙基丁基醚	2.0

第四類公共危險物品種類		係數
類別	詳細分類	
酯類	乙酸乙脂、甲酸乙酯、甲酸甲酯、乙酸甲酯、乙酸乙烯酯、甲酸丙酯、丙烯酸甲酯、丙烯酸乙酯、異丁烯酸甲酯、異丁烯酸乙酯、乙酸丙酯、甲酸丁酯、乙酸-2-乙氧基乙酯、乙酸-2-甲氧基乙酯	1.0
酮類	丙酮、丁酮、甲基異丁基酮、2,4-戊雙酮、環己酮	1.0
醛類	丙烯醛、丁烯醛(巴豆醛)、三聚乙醛	1.25
	乙醛	2.0
胺類	乙二胺、環己胺、苯胺、乙醇胺、二乙醇胺、三乙醇胺	1.0
	乙胺、丙胺、烯丙胺、二乙胺、丁胺、異丁胺、三乙胺、戊胺、第三丁胺	1.25
	異丙胺	2.0
腈類	丙烯腈、乙腈、丁腈	1.25
有機酸	醋酸、醋酸酐、丙烯酸、丙酸、甲酸	1.25
其他非不溶性者	氧化丙烯	2.0

前項第二款之儲槽如設置特殊型泡沫放出口，其儲槽液面積為浮頂式儲槽環狀部分之表面積。

第214條 儲槽除依前條設置固定式泡沫放出口外，並依下列規定設置補助泡沫消防栓及連結送液口：

一、補助泡沫消防栓，應符合下列規定：

(一) 設在儲槽防液堤外圍，距離槽壁**15**公尺以上，便於消防救災處，且至任一泡沫消防栓之步行距離在75公尺以下，泡沫瞄子放射量在每分鐘400公升以上，放射壓力在每平方公分3.5公斤以上或0.35Mpa以上。但全部泡沫消防栓數量超過3支時，以同時使用3支計算之。

(二) 補助泡沫消防栓之附設水帶箱之設置，準用第四十條第四款之規定。

二、連結送液口所需數量，依下列公式計算：

N = Aq / C

N：連結送液口應設數量

A：儲槽最大水平斷面積。但浮頂儲槽得以環狀面積核算(m^2)。

q：固定式泡沫放出口每平方公尺放射量(ℓ/min m^2)

C：每一個連結送液口之標準送液量(800 ℓ/min)

第215條
★★☆
▢check

以室外儲槽儲存閃火點在攝氏**40**度以下之第四類公共危險物品之顯著滅火困難場所者，且設於岸壁、碼頭或其他類似之地區，並連接輸送設備者，除設置固定式泡沫滅火設備外，並依下列規定設置泡沫射水槍滅火設備：

一、室外儲槽之幫浦設備等設於岸壁、碼頭或其他類似之地區時，泡沫射水槍應能防護該場所位於海面上前端之水平距離**15**公尺以內之海面，而距離注入口及其附屬之公共危險物品處理設備各部分之水平距離在**30**公尺以內，其設置個數在**2**具以上。

二、泡沫射水槍為**固定式**，並設於無礙滅火活動及可啟動、操作之位置。

三、泡沫射水槍同時放射時，射水槍泡沫放射量為每分鐘**1900**公升以上，且其有效水平放射距離在**30**公尺以上。

第216條
★☆☆
▢check

以室內、室外儲槽儲存閃火點在攝氏**70**度以下之第四類公共危險物品之顯著滅火困難場所，除設置固定式泡沫滅火設備外，並依下列規定設置冷卻撒水設備：

一、撒水噴孔符合CNS 12854之規定，孔徑在4毫米以上。

二、撒水管設於槽壁頂部，撒水噴頭之配置數量，依其裝設之放水角度及撒水量核算；儲槽設有風樑或補強環等阻礙水路徑者，於風樑或補強環等下方增設撒水管及撒水噴孔。

三、撒水量按槽壁總防護面積每平方公尺每分鐘**2**公升以上計算之，其管徑依水力計算配置。

四、加壓送水裝置為專用，其幫浦出水量在前款撒水量乘以所防護之面積以上。

五、水源容量在最大一座儲槽連續放水**4**小時之水量以上。

六、選擇閥(未設選擇閥者為開關閥)設於防液堤外，火災不易殃及且容易接近之處所，其操作位置距離地面之高度在**0.8**公尺以上**1.5**公尺以下。

七、加壓送水裝置設置符合下列規定之手動啟動裝置及遠隔啟動裝置。但送水區域距加壓送水裝置在300公尺以內者，得免設遠隔啟動裝置：

(一) 手動啟動裝置之操作部設於加壓送水裝置設置之場所。

(二) 遠隔啟動裝置由下列方式之一啟動加壓送水裝置：

1. 開啟選擇閥，使啟動用水壓開關裝置或流水檢知裝置連動啟動。

2. 設於監控室等平常有人駐守處所，直接啟動。

八、加壓送水裝置啟動後5分鐘以內，能有效撒水，且加壓送水裝置距撒水區域在500公尺以下。但設有保壓措施者，不在此限。

九、加壓送水裝置連接緊急電源。

前項緊急電源除準用第三十八條規定外，其供電容量應在其連續放水時間以上。

第217條 ★☆☆ ▢check

採泡沫噴頭方式者，應符合下列規定：

一、防護對象在其有效防護範圍內。

二、防護對象之表面積(為建築物時，為樓地板面積)，每9平方公尺設置一個泡沫噴頭。

三、每一放射區域在100平方公尺以上。其防護對象之表面積未滿100平方公尺時，依其實際表面積計算。

第218條 ☆☆☆ ▢check

泡沫滅火設備之泡沫放出口、放射量、配管、試壓、流水檢知裝置、啟動裝置、一齊開放閥、泡沫原液儲存量、濃度及泡沫原液槽設置規定，準用第六十九條、第七十條、第七十二條至第七十四條、第七十八條、第七十九條及第八十一條之規定。

儲槽用之泡沫放出口，依第二百十三條之規定設置。

第219條 ★☆☆ ▢check

移動式泡沫滅火設備，依下列規定設置：

一、泡沫瞄子放射壓力在每平方公分3.5公斤以上或0.35MPa以上。

二、泡沫消防栓設於室內者，準用第三十四條第一項第一款第一目及第三十五條規定；設於室外者，準用第四十條第一款及第四款規定。

第220條 ★★☆ ▢check

泡沫滅火設備之水源容量需達下列規定水溶液所需之水量以上，並加計配管內所需之水溶液量：

一、使用泡沫頭放射時，以最大泡沫放射區域，繼續射水10分鐘以上之水量。

二、使用移動式泡沫滅火設備時，應在4具瞄子同時放水30分鐘之水量以上。但瞄子個數未滿4個時，以實際設置個數計算。設於室內者，放水量在每分鐘200公升以上；設於室外者，在每分鐘400公升以上。

三、使用泡沫射水槍時，在2具射水槍連續放射30分鐘之水量以上。

四、設置於儲槽之固定式泡沫滅火設備之水量，為下列之合計：

(一) 固定式泡沫放出口依第二百十三條第二款、第三款表列之泡沫水溶液量，乘以其液體表面積所能放射之量。

(二) 補助泡沫消防栓依第二百十四條規定之放射量，放射20分鐘之水量。

第221條 ★☆☆ ▢check

依前條設置之水源，應連結加壓送水裝置，並依下列各款擇一設置：

一、重力水箱，應符合下列規定：

(一) 有水位計、排水管、溢水用排水管、補給水管及人孔之裝置。

(二) 水箱必要落差在下列計算值以上：

必要落差＝移動式泡沫滅火設備消防水帶摩擦損失水頭＋配管摩擦損

失水頭＋泡沫放出口、泡沫瞄子或泡沫射水槍之放射壓力，並換算成水頭(計算單位：公尺)

H=h1+h2+h3m

二、壓力水箱，應符合下列規定：

(一) 有壓力表、水位計、排水管、補給水管、給氣管、空氣壓縮機及人孔之裝置。

(二) 水箱內空氣占水箱容積**1/3**以上，壓力在使用建築物最高處之消防栓維持規定放水水壓所需壓力以上。當水箱內壓力及液面減低時，能自動補充加壓。空氣壓縮機及加壓幫浦，與緊急電源相連接。

(三) 必要壓力在下列計算值以上：

必要壓力＝消防水帶摩擦損失壓力＋配管摩擦損失壓力＋落差＋泡沫放出口、泡沫瞄子或泡沫射水槍之放射壓力

(計算單位：公斤／平方公分，MPa)

P = P1+P2+P3+P4

三、消防幫浦，應符合下列規定：

(一) 幫浦全揚程在下列計算值以上：

幫浦全揚程＝消防水帶摩擦損失水頭＋配管摩擦損失水頭＋落差＋泡沫放出口、泡沫瞄子或射水槍之放射壓力，並換算成水頭(計算單位：公尺)

H = h1+h2+h3+h4

(二) 連結之泡沫滅火設備採泡沫噴頭方式者，其出水量及出水壓力，準用第七十七條之規定。

(三) 應為專用。但與其他滅火設備並用，無妨礙各設備之性能時，不在此限。

(四) 連接緊急電源。

前項緊急電源除準用第三十八條規定外，其供電容量應在所需放射時間之1.5倍以上。

第222條 NEW ☆☆☆ ▢check

二氧化碳滅火設備準用第八十二條第一項、第八十三條、第八十四條至第八十八條、第八十九條第一項及第二項、第九十條至第九十二條、第九十三條第一項、第九十四條至第九十六條及第九十七條規定。但全區放射方式之二氧化碳滅火設備，依下列規定計算其所需滅火藥劑量：

一、以下表所列防護區域體積及其所列每立方公尺防護區域體積所需之滅火藥劑量，核算其所需之量。但實際量未達所列之量時，以該滅火藥劑之總量所列最低限度之基本量計算。

防護區域體積（立方公尺）	每立方公尺防護區域體積所需之滅火藥劑量(kg/m³)	滅火藥劑之基本需要量（公斤）
未達5	1.2	—
5以上未達15	1.1	6
15以上未達50	1	17
50以上未達150	0.9	50
150以上未達1500	0.8	135
1500以上	0.75	1200

二、防護區域之開口部未設置自動關閉裝置時，除依前款計

算劑量外，另加算該開口部面積每平方公尺5公斤之量。惰性氣體滅火設備準用第八十二條第二項之IG-100、IG-55、IG-541藥劑及第三項、第八十三條之一、第八十三條之二、第八十四條第一項、第八十五條、第八十七條第一項、第八十八條、第八十九條第一項及第三項、第九十條至第九十二條、第九十三條第二項、第九十四條、第九十五條、第九十六條之一及第九十七條規定。

於防護區域內或防護對象係為儲存、處理之公共危險物品，依下表之係數，二氧化碳滅火設備全區放射方式乘以第一項、局部放射方式乘以第八十三條第二款或惰性氣體滅火設備乘以第八十三條之二所算出之量。未表列之公共危險物品或滅火藥劑係數，依中央主管機關認可之設計係數值核算之。

滅火藥劑種類 公共危險物品	二氧化碳	惰性氣體	鹵化烴	乾粉			
		IG-100、IG-55及IG-541	HFC-23及HFC-227ea	第一種	第二種	第三種	第四種
丙烯腈	1.2			1.2	1.2	1.2	1.2
乙醛				—	—	—	—
氯甲烷	1.0			1.0	1.0	1.0	1.0
丙酮	1.0			1.0	1.0	1.0	1.0
苯氯				1.0	1.0	1.0	1.0
異辛烷	1.0			—	—	—	—
異戊二烯	1.0						
異丙胺	1.0						
異丙醚	1.0						
異己烷	1.0						
異庚烷	1.0						
異戊烷	1.0						
乙醇	1.2			1.2	1.2	1.2	1.2
乙胺	1.0						
氯乙烯				—	—	1.0	—
辛烷	1.2						
汽油	1.0	1.0	1.0	1.0	1.0	1.0	1.0
甲酸乙酯	1.0						
甲酸丙酯	1.0						
甲酸甲酯	1.0						
輕油	1.0	1.0	1.0	1.0	1.0	1.0	1.0
原油	1.0			1.0	1.0	1.0	1.0
醋酸				1.0	1.0	1.0	1.0
醋酸乙酯	1.0			1.0	1.0	1.0	1.0
醋酸甲酯	1.0						
氧化丙烯	1.8			—	—	—	—
環己烷	1.0						
二乙胺	1.0						
乙醚	1.2			—	—	—	—
二号烷	1.6			1.2	1.2	1.2	1.2
重油	1.0	1.0	1.0	1.0	1.0	1.0	1.0
潤滑油	1.0			1.0	1.0	1.0	1.0
四氫呋喃	1.0			1.2	1.2	1.2	1.2
煤油	1.0	1.0	1.0	1.0	1.0	1.0	1.0
三乙胺	1.0						
甲苯	1.0			1.0	1.0	1.0	1.0
石腦油	1.0			1.0	1.0	1.0	1.0
菜仔油				1.0	1.0	1.0	1.0
二硫化碳	3.0			—	—	—	—
乙烯基乙烯醚	1.2						
砒碇				1.0	1.0	1.0	1.0
丁醇				1.0	1.0	1.0	1.0
丙醇	1.0			1.0	1.0	1.0	1.0
2-丙醇（異丙醇）	1.0						
丙胺	1.0						
己烷	1.0			1.2	1.2	1.2	1.2
庚烷	1.0			1.0	1.0	1.0	1.0
苯	1.0			1.2	1.2	1.2	1.2
戊烷	1.0			1.4	1.4	1.4	1.4
清油				1.0	1.0	1.0	1.0
甲醛	1.6			1.2	1.2	1.2	1.2
丁酮（甲基乙基酮）	1.0			1.0	1.0	1.2	1.0
氯苯				—	—	1.0	—

註：標有－者不可用為該公共危險物品之滅火劑。

第222-1條 NEW ☆☆☆ ▢check

鹵化烴滅火設備準用第九十七條之一第一項之HFC-23、HFC-227ea藥劑、第二項及第三項、第九十七條之二至第九十七條之十規定。但於防護區域內係為儲存、處理之公共危險物品，依前條第三項表列滅火藥劑之係數乘以第九十七條之三所算出之量。

前條第三項未表列之公共危險物品或係數，依中央主管機關認可之設計係數值核算之。

第223條 NEW ☆☆☆ ▢check

乾粉滅火設備準用第九十八條至第一百十一條規定。但於防護區域內或防護對象係為儲存、處理之公共危險物品，依第二百二十二條第三項表列滅火藥劑之係數乘以第九十九條所算出之量。第二百二十二條第三項未表列之公共危險物品或係數，依中央主管機關認可之設計係數值核算之。

第224條 ★☆☆ ▢check

第四種滅火設備距防護對象任一點之步行距離，應在30公尺以下。但與第一種、第二種或第三種滅火設備併設者，不在此限。

第225條 ☆☆☆ ▢check

第五種滅火設備應設於能有效滅火之處所，且至防護對象任一點之步行距離應在**20**公尺以下。但與第一種、第二種、第三種或第四種滅火設備併設者，不在此限。

前項選設水槽應備有3個1公升之消防專用水桶，乾燥砂、膨脹蛭石及膨脹珍珠岩應備有鏟子。

第226條 ☆☆☆ ▢check

警報設備之設置，依第一百十二條至第一百三十二條之規定。

第227條 ☆☆☆ ▢check

標示設備之設置，依第一百四十六條至第一百五十六條之規定。

第228條 ★☆☆ ▢check

可燃性高壓氣體場所、加氣站、天然氣儲槽及可燃性高壓氣體儲槽之滅火器，依下列規定設置：

一、製造、儲存或處理場所設置2具。但樓地板面積**200**平方公尺以上者，每**50**平方公尺(含未滿)應增設1具。

二、儲槽設置**3**具以上。

三、加氣站，依下列規定設置：

(一) 儲氣槽區4具以上。

(二) 加氣機每臺1具以上。
(三) 用火設備處所1具以上。
(四) 建築物每層樓地板面積在**100**平方公尺以下設置**2**具，超過100平方公尺時，每增加(含未滿)100平方公尺增設1具。

四、儲存場所任一點至滅火器之步行距離在**15**公尺以下，並不得妨礙出入作業。

五、設於屋外者，滅火器置於箱內或有不受雨水侵襲之措施。

六、每具滅火器對普通火災具有**4**個以上之滅火效能值，對油類火災具有**10**個以上之滅火效能值。

七、滅火器之放置及標示依第三十一條第四款之規定。

第229條 ☆☆☆ ▢check

可燃性高壓氣體場所、加氣站、天然氣儲槽及可燃性高壓氣體儲槽之冷卻撒水設備，依下列規定設置：

一、撒水管使用撒水噴頭或配管穿孔方式，對防護對象均勻撒水。
二、使用配管穿孔方式者，符合CNS 12854之規定，孔徑在4毫米以上。
三、撒水量為防護面積每平方公尺每分鐘5公升以上。但以厚度25毫米以上之岩棉或同等以上防火性能之隔熱材被覆，外側以厚度0.35毫米以上符合CNS 1244規定之鋅鐵板或具有同等以上強度及防火性能之材料被覆者，得將其撒水量減半。
四、水源容量在加壓送水裝置連續撒水30分鐘之水量以上。
五、構造及手動啟動裝置準用第二百十六條之規定。

第230條 ☆☆☆ ▢check

前條防護面積計算方式，依下列規定：
一、儲槽為儲槽本體之外表面積(圓筒形者含端板部分)及附屬於儲槽之液面計及閥類之露出表面積。

二、前款以外設備為露出之表面積。但製造設備離地面高度超過5公尺者，以**5**公尺之間隔作水平面切割所得之露出表面積作為應予防護之範圍。

三、加氣站防護面積，依下列規定：

(一) 加氣機每臺**3.5**平方公尺。

(二) 加氣車位每處**2**平方公尺。

(三) 儲氣槽人孔每座三處共**3**平方公尺。

(四) 壓縮機每臺**3**平方公尺。

(五) 幫浦每臺**2**平方公尺。

(六) 氣槽車卸收區每處**30**平方公尺。

第231條 ★☆☆ ▢check

可燃性高壓氣體場所、加氣站、天然氣儲槽及可燃性高壓氣體儲槽之射水設備，依下列規定：

一、室外消防栓應設置於屋外，且具備消防水帶箱。

二、室外消防栓箱內配置瞄子、開關把手及口徑63毫米、長度20公尺消防水帶2條。

三、全部射水設備同時使用時，各射水設備放水壓力在每平方公分3.5公斤以上或0.35MPa以上，放水量在每分鐘450公升以上。但全部射水設備數量超過2支時，以同時使用2支計算之。

四、射水設備之水源容量，在2具射水設備同時放水30分鐘之水量以上。

第232條 ☆☆☆ ▢check

射水設備設置之位置及數量應依下列規定：

一、設置個數在2支以上，且設於距防護對象外圍40公尺以內，能自任何方向對儲槽放射之位置。

二、依儲槽之表面積，每50平方公尺(含未滿)設置一具射水設備。但依第二百二十九條第三款但書規定設置隔熱措施者，每100平方公尺(含未滿)設置1具。

第233條 射水設備之配管、試壓、加壓送水裝置及緊急電源準用第三十九條及第四十二條之規定。

☆☆☆
▢check

第五編 附則

第234條 依本標準設置之室內消防栓、室外消防栓、自動撒水、水霧滅火、泡沫滅火、冷卻撒水、射水設備及連結送水管等設備，其消防幫浦、電動機、附屬裝置及配管摩擦損失計算，由中央消防機關另定之。

☆☆☆
▢check

第235條 緊急供電系統之配線除依用戶用電設備裝置規則外，並依下列規定：

☆☆☆
▢check

一、電氣配線應設專用回路，不得與一般電路相接，且開關有消防安全設備別之明顯標示。

二、緊急用電源回路及操作回路，使用600伏特耐熱絕緣電線，或同等耐熱效果以上之電線。

三、電源回路之配線，依下列規定，施予耐燃保護：

(一) 電線裝於金屬導線管槽內，並埋設於防火構造物之混凝土內，混凝土保護厚度為20毫米以上。但在使用不燃材料建造，且符合建築技術規則防火區劃規定之管道間，得免埋設。

(二) 使用MI電纜或耐燃電纜時，得按電纜裝設法，直接敷設。

(三) 其他經中央主管機關指定之耐燃保護裝置。

四、標示燈回路及控制回路之配線，依下列規定，施予耐熱保護：

(一) 電線於金屬導線管槽內裝置。

(二) 使用MI電纜、耐燃電纜或耐熱電線電纜時，得按電纜裝設法，直接敷設。

(三) 其他經中央主管機關指定之耐熱保護裝置。

第236條 NEW ☆☆☆ ▢check

消防安全設備緊急供電系統之配線，依下表📖之區分，施予耐燃保護或耐熱保護。

第237條 ★☆☆ ▢check

緊急供電系統之電源，依下列規定：

一、緊急電源使用符合CNS 10204規定之發電機設備、10205規定之蓄電池設備或具有相同效果之設備，其容量之計算，由中央消防機關另定之。

二、緊急電源裝置切換開關，於常用電源切斷時自動切換供應電源至緊急用電器具，並於常用電源恢復時，自動恢復由常用電源供應。

三、發電機裝設適當開關或連鎖機件，以防止向正常供電線路逆向電力。

四、裝設發電機及蓄電池之處所為防火構造。但設於屋外時，設有不受積水及雨水侵襲之防水措施者，不在此限。

五、蓄電池設備充電電源之配線設專用回路，其開關上應有明顯之標示。